TRIGONOMÉTRIE RECTILIGNE

A LA MÊME LIBRAIRIE

COURS D'ÉTUDES SCIENTIFIQUES, à l'usage des candidats au baccalauréat ès sciences et aux écoles du Gouvernement.

Arithmétique, par M. J. DUFAILLY, professeur au collége Stanislas. 1 vol. in-8°, broché .... 4 fr. »»

Algèbre, par LE MÊME. 1 vol. in-8°, broché .... 4 fr. »»

Géométrie, par LE MÊME. 1 vol. in-8°, broché .... 5 fr. »»

Notions sur quelques courbes usuelles (extrait de la Géométrie), par LE MÊME. 1 vol. in-8°, broché .... 1 fr. 25

Trigonométrie, par LE MÊME. 1 vol. in-8°, broché .... 3 fr. »»

Géométrie descriptive, nouvelle édition contenant les matières exigées pour l'admission à l'école de Saint-Cyr. 1 vol. in-8°, broché .... 4 fr. 50

Cosmographie, par LE MÊME. 1 vol. in-8°, broché .... 4 fr. »»

Mécanique, par LE MÊME. 1 vol. in-8°, broché .... 2 fr. 50

Physique, par M. POIRÉ, ancien élève de l'École normale, agrégé de l'Université, professeur de Physique et de Chimie au lycée Fontanes. 1 vol. in-8°, broché........ 6 fr. »»

Chimie, par LE MÊME. 1 vol. in-8°, broché................ 5 fr. »»

Problèmes de mathématiques, par M. J. DUFAILLY. 1 vol. in-8°, broché .... 3 fr. »»

Problèmes de physique, par LE MÊME. 1 vol. in-8°, broché. 1 fr. 50

Les mêmes réunis en 1 vol. in-8°, broché .... 4 fr. 50

Histoire naturelle :

1° *Zoologie*, par M. DESPLATS, professeur au lycée Fontanes. 1 vol. in-8°, broché .... 6 fr. »»

2° *Botanique*, par LE MÊME 1 vol. in-8°, broché .... 4 fr. »»

Abbeville. — Typ. et stér. Gustave Retaux

COURS D'ÉTUDES SCIENTIFIQUES

A L'USAGE DES CANDIDATS

AU BACCALAURÉAT ÈS SCIENCES ET AUX ÉCOLES DU GOUVERNEMENT

TRIGONOMÉTRIE

RECTILIGNE

PAR

J. DUFAILLY

PROFESSEUR AU COLLÉGE STANISLAS

Cinquième édition

PARIS

LIBRAIRIE CH. DELAGRAVE

15, RUE SOUFFLOT, 15

1881

ÉLÉMENTS

DE

TRIGONOMÉTRIE RECTILIGNE

CHAPITRE PREMIER.

THÉORIE DES LIGNES TRIGONOMÉTRIQUES.

NOTIONS PRÉLIMINAIRES.

1. Définition. — La trigonométrie rectiligne a pour but principal la résolution des triangles rectilignes.

Résoudre un triangle, c'est calculer la valeur numérique de ses éléments lorsqu'on a les données suffisantes. Les côtés d'un triangle se représentent au moyen des nombres qui expriment leurs longueurs mesurées avec une même unité ; quant aux angles, leur introduction dans le calcul s'opère à l'aide de certaines quantités variables dépendant des arcs qui leur servent de mesure. Ces quantités se nomment *lignes trigonométriques* ou *fonctions circulaires :* nous commencerons par en établir la théorie.

2. Conventions fondamentales. — Dans tout ce qui va suivre, nous compterons les arcs sur un cercle ayant pour rayon l'unité de longueur. La circonférence de ce cercle vaudra donc 2π, la demi-circonférence π et le quadrant $\frac{\pi}{2}$. Ayant mené (fig. 1) les diamètres perpendiculaires AA′, BB′, nous considérerons le point A comme étant l'origine des arcs que nous aurons à compter sur la circonférence : nous regarderons ces arcs comme positifs lorsqu'ils seront comptés de A vers B dans le sens de la flèche f, et comme négatifs lorsqu'ils seront comptés de A vers B′ dans le sens de la flèche f'. Nous admettrons en outre que ces arcs peuvent prendre tous les états de grandeur de 0 à $+\infty$ d'une part, et de 0 à $-\infty$ de l'autre.

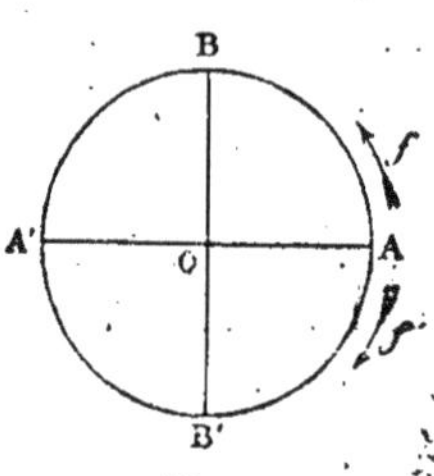

Fig. 1.

Enfin nous nommerons *complément* d'un arc, l'arc positif ou négatif qu'il faut lui ajouter pour faire $\frac{\pi}{2}$; nous prendrons le point B pour origine des arcs complémentaires et nous les regarderons comme positifs ou négatifs suivant qu'ils seront comptés en allant de B vers A ou de B vers A′.

Dans tout ce chapitre, nous évaluerons les arcs au moyen de leurs rapports au rayon, sauf dans quelques cas particuliers où nous les rapporterons à la circonférence. Nous rappellerons à ce sujet qu'on est convenu en géométrie élémentaire de partager la circonférence en 360 parties égales nommées degrés, le degré en 60 minutes, la minute en 60 secondes. Le quadrant vaut ainsi 90° et la demi-circonférence 180°.

3. Définitions des lignes trigonométriques d'un arc. — On nomme :

Sinus d'un arc le nombre qui mesure la longueur de la perpendiculaire abaissée de l'extrémité de l'arc sur le diamètre qui passe par l'origine ;

Tangente, le nombre qui mesure la portion de la tangente menée au point origine et terminée à sa rencontre avec le diamètre qui passe par l'extrémité de l'arc ;

Sécante, le nombre qui mesure la longueur de la portion du rayon prolongé comprise entre le centre et le point de rencontre avec la tangente ;

Cosinus, cotangente et cosécante d'un arc, les sinus, tangente et sécante du complément de cet arc.

Ainsi, l'arc AM (fig. 2) a pour sinus MP, pour tangente AT et pour sécante OT. Il a pour cosinus, cotangente et cosécante respectivement les lignes MQ, BS, OS.

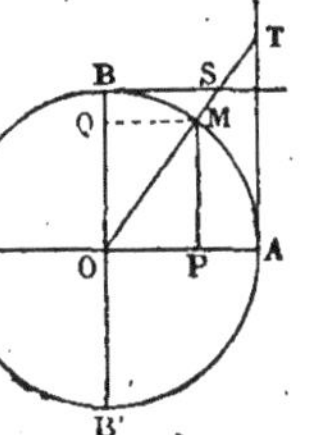

Fig. 2.

Le rayon ayant été pris pour unité, il résulte des définitions qui précèdent que les lignes trigonométriques d'un arc sont des *nombres abstraits* exprimant les *rapports* de certaines droites dépendant de cet arc, au rayon du cercle auquel il appartient.

4. Signes des lignes trigonométriques. — Si l'on considère un arc AM ayant son extrémité M située successivement entre B et A', (fig. 3), entre A' et B' (fig. 4) et entre B' et A (fig. 5), c'est-à-dire dans les second, troisième et quatrième quadrants, on reconnaît, après avoir construit ses lignes trigonométriques, que chacune de ces lignes prend tantôt une position ou direction analogue à celle qu'elle a pour un arc du premier quadrant (fig. 2), tantôt une position ou direction opposée.—On convient alors d'affecter ces lignes du signe *plus* ou du signe *moins* selon qu'elles se présentent dans la première ou la seconde de ces conditions. Ainsi le sinus et la tangente sont positifs au-dessus du diamètre AA' et négatifs au-dessous. Le cosinus et la cotangente, positifs à droite du diamètre BB', sont négatifs à gauche. La sécante et la cosécante sont positives lorsqu'elles passent par l'extrémité de l'arc, et négatives dans le cas contraire.

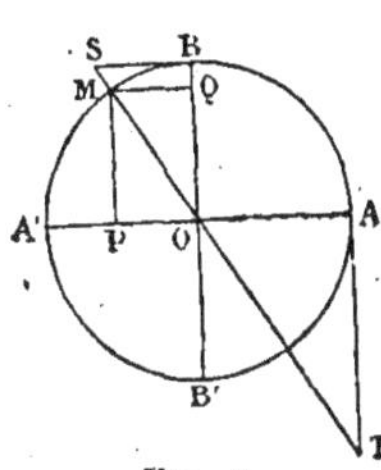

Fig. 3.

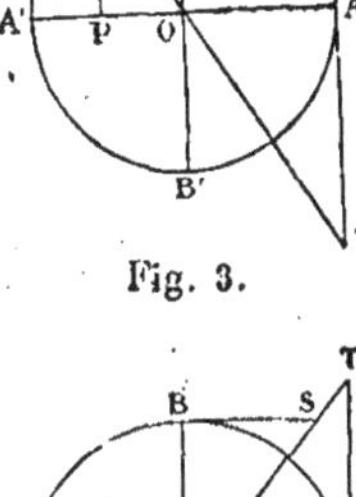

Fig. 4.

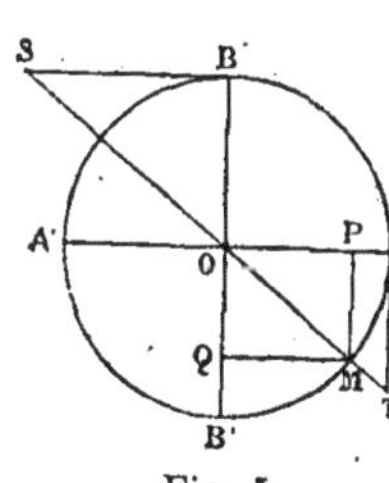

Fig. 5.

Ceci posé, on reconnaît à l'inspection des figures 3, 4 et 5 que les seules lignes positives sont : dans le second quadrant, le sinus et la cosécante ; dans le troisième quadrant, la tangente et la cotangente et dans le quatrième, le cosinus et la sécante.

Les figures 2, 3, 4 et 5 montrent également que le cosinus MQ d'un arc est constamment égal à la distance OP du centre au pied du sinus.

VARIATIONS DES LIGNES TRIGONOMÉTRIQUES.

5. Sinus. — Si l'on fait varier un arc de 0 à $+\infty$, on reconnaît que, l'arc croissant :

de 0 à $\frac{\pi}{2}$, le sinus croît de 0 à 1,

de $\frac{\pi}{2}$ à π, le sinus décroît de 1 à 0,

de π à $\frac{3\pi}{2}$, le sinus devient négatif et décroît de 0 à -1,

de $\frac{3\pi}{2}$ à 2π, le sinus reste négatif et croît de -1 à 0.

L'arc continuant de croître, le sinus repasse périodiquement par les mêmes valeurs.

6. Tangente. — L'arc croissant :

de 0 à $\frac{\pi}{2}$, la tangente croît de 0 à l'infini,

de $\frac{\pi}{2}$ à π, elle devient négative et croît de $-\infty$ à 0,

de π à $\frac{3\pi}{2}$, elle redevient positive et croît de 0 à $+\infty$,

de $\frac{3\pi}{2}$ à 2π, elle redevient négative et croît de $-\infty$ à 0.

L'arc continuant de croître, la tangente repasse périodiquement par les mêmes valeurs.

Nous ferons remarquer ici que l'arc $\frac{\pi}{2}$ peut être regardé comme étant la limite commune vers laquelle tendent deux séries d'arcs $\frac{\pi}{2}-\varepsilon$ et $\frac{\pi}{2}+\varepsilon$ lorsque la quantité ε, supposée positive et moindre que $\frac{\pi}{2}$, tend vers zéro. Or les arcs de la première série $\left(\frac{\pi}{2} - \varepsilon\right)$ ont des tangentes croissant indéfiniment, et ceux de la seconde $\left(\frac{\pi}{2} + \varepsilon\right)$ ont des tangentes décroissant indéfiniment lorsque ε tend vers zéro. Il convient donc d'écrire $\operatorname{tg} \frac{\pi}{2} = \pm \infty$.

La même observation s'applique à $\operatorname{tg} \frac{3\pi}{2}$ et en général aux tangentes des arcs terminés en B et B′.

7. Sécante. — L'arc croissant :

de 0 à $\frac{\pi}{2}$, la sécante croît de 1 à $+\infty$,

de $\frac{\pi}{2}$ à π, elle devient négative et croît de $-\infty$ à -1,

de π à $\frac{3\pi}{2}$, elle reste négative et décroît de -1 à $-\infty$,

de $\frac{3\pi}{2}$ à 2π, elle redevient positive et décroît de $+\infty$ à 1.

L'arc continuant de croître, la sécante repasse périodiquement par les mêmes valeurs.

La remarque relative aux tangentes des arcs terminés en B et B′ est applicable à leurs sécantes.

8. Cosinus, cotangente, cosécante. — L'amplitude des variations de ces trois lignes est la même que pour les trois correspondantes, sinus, tangente et sécante.

Ainsi, l'arc croissant : de 0 à $\frac{\pi}{2}$, de $\frac{\pi}{2}$ à π, de π à $\frac{3\pi}{2}$, de $\frac{3\pi}{2}$ à 2π et au delà :

Le cosinus varie de 1 à 0, de 0 -1, de -1 à 0, de 0 à 1, etc. ;

La cotangente varie de $+\infty$ à 0, de 0 à $-\infty$, de $+\infty$ à 0, de 0 à $-\infty$, etc. ;

La cosécante varie de $+\infty$ à 1, de 1 à $+\infty$, de $-\infty$ à -1, de -1 à $-\infty$, etc.

La remarque faite plus haut sur les tangentes et sécantes des arcs terminés en B et B′ est applicable aux cotangentes et cosécantes des arcs terminés en A et A′.

9. Arcs négatifs. — Si l'on suppose maintenant l'arc décroissant de 0 à $-\infty$, les lignes trigonométriques passent par les mêmes valeurs que lorsqu'il croît de 0 à $+\infty$, seulement elles changent de signe, à l'exception toutefois du cosinus et de la sécante.

En effet, soient (fig. 6) AM, AM′ deux arcs égaux et de signes contraires : construisons leurs lignes trigonométriques. Les sinus, moitié chacun de la corde MM′, sont égaux et de signes contraires ; le cosinus OP est le même pour les deux arcs. De plus, si l'on compare les triangles égaux de la figure, on voit que les sécantes sont égales et de même signe, tandis que les tangentes, cotangentes et cosécantes sont égales, mais de signes contraires.

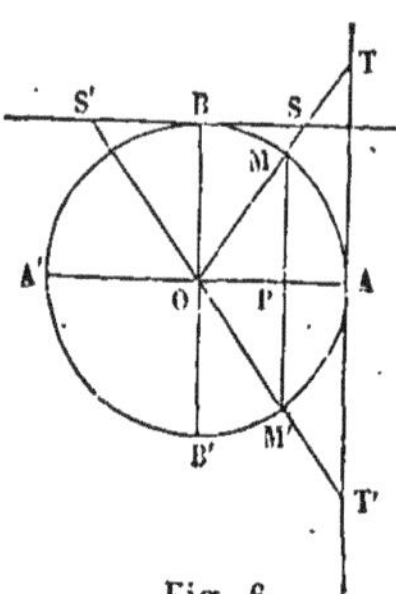

Fig. 6.

On a donc en représentant par a un arc quelconque :

$$\sin(-a) = -\sin a$$
$$\operatorname{tg}(-a) = -\operatorname{tg} a$$
$$\operatorname{séc}(-a) = \operatorname{séc} a$$
$$\cos(-a) = \cos a$$
$$\operatorname{cotg}(-a) = -\operatorname{cotg} a$$
$$\operatorname{coséc}(-a) = -\operatorname{coséc} a.$$

10. Résumé. — Il résulte de ce qui précède que :

Le sinus et le cosinus ne peuvent avoir de valeurs supérieures à 1, ni inférieures à -1.

La tangente et la cotangente peuvent prendre tous les états de grandeur de $+\infty$ *à* $-\infty$.

La sécante et la cosécante varient de $+\infty$ *à* $+1$ *d'une part et de* -1 *à* $-\infty$ *d'autre part : elles n'ont donc jamais de valeurs comprises entre* $+1$ *et* -1.

RELATIONS ENTRE LES LIGNES TRIGONOMÉTRIQUES DE CERTAINS ARCS.

11. 1° *Lorsqu'on ajoute à un arc ou qu'on en retranche un nombre quelconque de circonférences, le nouvel arc ainsi obtenu a les mêmes lignes trigonométriques que le premier*, car il a les mêmes extrémités que lui. On a donc a désignant un arc quelconque et K un nombre entier quelconque, positif ou négatif :

$$\sin(2K\pi + a) = \sin a$$
$$\operatorname{tg}(2K\pi + a) = \operatorname{tg} a$$
$$\text{séc}\,(2K\pi + a) = \text{séc}\, a$$
$$\cos(2K\pi + a) = \cos a$$
$$\operatorname{cotg}(2K\pi + a) = \operatorname{cotg} a$$
$$\text{coséc}\,(2K\pi + a) = \text{coséc}\, a.$$

2° *Deux arcs supplémentaires* (*) *ont leurs lignes trigonométriques égales et de signes contraires, sauf le sinus et la cosécante qui ont le même signe.*

Soit en effet un arc AM $= a$ (fig. 7) ; menons MM′ parallèle à AA′, l'arc AM′ vaut $\pi - a$, c'est-à-dire est le supplément de l'arc a. Ayant construit les lignes trigonométriques des arcs AM AM′ on déduit de l'examen de la figure :

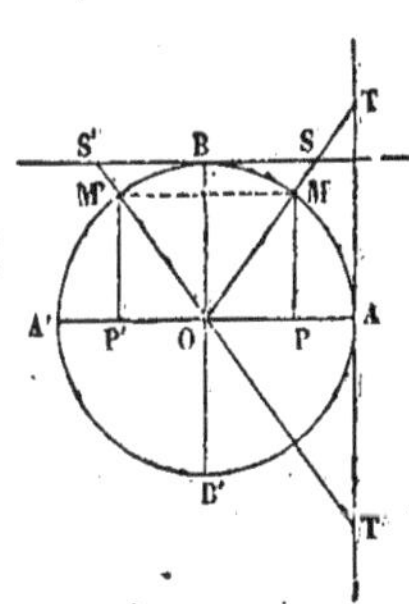

Fig. 7.

$$\sin(\pi - a) = \sin a$$
$$\operatorname{tg}(\pi - a) = -\operatorname{tg} a$$
$$\text{séc}\,(\pi - a) = -\text{séc}\, a$$
$$\cos(\pi - a) = -\cos a$$
$$\operatorname{cotg}(\pi - a) = -\operatorname{cotg} a$$
$$\text{coséc}\,(\pi - a) = \text{coséc}.\, a.$$

3° *Lorsque deux arcs diffèrent d'une demi-circonférence, leurs lignes trigonométriques sont égales et de signes contraires, sauf la tangente et la cotangente qui ont le même signe.*

(*) On nomme supplémentaires deux arcs dont la somme est égale à π.

Soit en effet un arc $AM = a$ (fig. 8); menons le diamètre MM', l'arc $AM' = \pi + a$. Les lignes trigonométriques des arcs AM, AM' étant construites, on déduit de l'examen de la figure

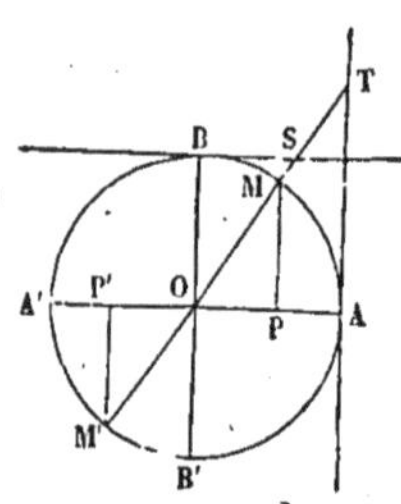

Fig. 8.

$$\sin(\pi + a) = -\sin a$$
$$\text{tg}\,(\pi + a) = \text{tg}\, a$$
$$\text{séc}\,(\pi + a) = -\text{séc}\, a$$
$$\cos(\pi + a) = -\cos a$$
$$\text{cotg}\,(\pi + a) = \text{cotg}\, a$$
$$\text{coséc}\,(\pi + a) = -\text{coséc}\, a.$$

Ces derniers résultats peuvent se formuler ainsi : *lorsqu'on ajoute à un arc ou qu'on en retranche une demi-circonférence, le nouvel arc ainsi obtenu a en valeur absolue les mêmes lignes trigonométriques que le premier ; la tangente et la cotangente conservent seules leur signe.*

Les conséquences sont les mêmes lorsque l'on ajoute à un arc ou qu'on en retranche un nombre impair de demi-circonférences. Cela revient en effet à ajouter à l'arc ou à en retrancher d'abord un nombre entier de circonférences, puis une demi-circonférence.

12. Réduction d'un arc au premier quadrant. — En suivant les variations des lignes trigonométriques, on constate que ces lignes prennent, abstraction faite de leur signe, dans le premier quadrant toutes les valeurs qu'elles sont susceptibles d'acquérir. On entend par ramener un arc au premier quadrant, chercher l'arc compris entre 0 et $\frac{\pi}{2}$ qui a en valeur absolue les mêmes lignes trigonométriques que l'arc donné. Pour faire cette opération, on retranche de l'arc donné (au moyen de la division) autant de demi-circonférences qu'il est possible : si le reste, moindre que π, est aussi moindre que $\frac{\pi}{2}$, il représente l'arc demandé. Si le reste est supérieur à $\frac{\pi}{2}$, on en prend le supplément; ce supplément moindre alors que $\frac{\pi}{2}$ est l'arc du premier quadrant demandé.

FORMULES DES ARCS QUI CORRESPONDENT A UNE LIGNE TRIGONOMÉTRIQUE DONNÉE.

13. Il résulte de ce qui vient d'être exposé qu'à chaque valeur déterminée d'un arc correspond une valeur déterminée de chacune de ses lignes trigonométriques, mais au contraire, qu'à chaque valeur donnée d'une ligne trigonométrique correspondent une infinité d'arcs. Ceci nous conduit à établir les formules comprenant tous les arcs correspondant à une ligne trigonométrique donnée.

14. Sinus. — Soit donné un sinus, positif par exemple. Prenons au-dessus de AA′ la longueur OP (fig. 9) égale à ce sinus et menons par le point P la droite MM′ parallèle à AA′. Tous les arcs terminés en M et M′, et ceux-là seuls, ont pour sinus OP, c'est-à-dire le sinus donné.

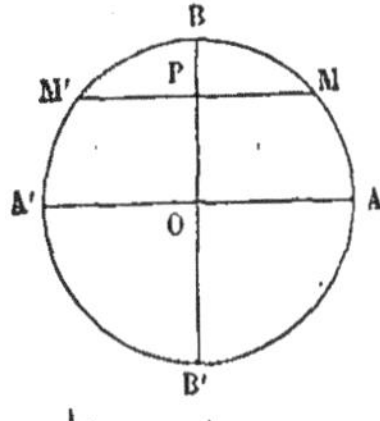

Fig. 9.

Si nous représentons par α le plus petit arc positif AM, les arcs positifs ayant leur extrémité en M auront pour valeurs :

$$\alpha, \quad 2\pi + \alpha, \quad 4\pi + \alpha, \quad 6\pi + \alpha \ldots\ldots$$

et seront compris dans la formule

$$2K\pi + \alpha$$

dans laquelle K représente un nombre entier positif ou nul.

Le premier arc positif terminé en M′ est AM′ qui vaut $\pi - \alpha$, les arcs positifs ayant leur extrémité en M′ valent donc

$$\pi - \alpha, \quad 3\pi - \alpha, \quad 5\pi - \alpha \ldots\ldots$$

et sont compris dans la formule

$$(2K + 1)\pi - \alpha$$

dans laquelle K a la même signification que plus haut.

D'autre part, l'arc négatif AM vaut $-2\pi + \alpha$, car sa valeur absolue est $2\pi - \alpha$: les arcs négatifs ayant M pour extrémité forment donc la série :

$$-2\pi + \alpha, \quad -4\pi + \alpha, \quad -6\pi + \alpha \ldots\ldots$$

et peuvent être regardés comme compris dans la formule $2K\pi + \alpha$ si l'on convient de donner à K des valeurs négatives.

Enfin l'arc négatif AM′ vaut $-\pi - \alpha$; car sa valeur absolue est $\pi + \alpha$; donc les arcs négatifs ayant M′ pour extrémité valent

$$-\pi - \alpha, \quad -3\pi - \alpha, \quad -5\pi - \alpha \ldots\ldots$$

et peuvent être représentés par la formule $(2K + 1)\pi - \alpha$, en convenant qu'on pourra donner à K des valeurs négatives.

En résumé donc, K représentant un nombre entier quelconque positif, nul ou négatif, tous les arcs ayant même sinus sont compris dans les formules

$$(1) \qquad 2K\pi + \alpha \quad \text{et} \quad (2K + 1)\pi - \alpha.$$

Si le sinus donné était négatif, on le porterait au-dessous de AA′ et l'on arriverait en suivant la même marche aux formules (1).

Remarque I. — Les formules (1) sont aussi celles des arcs ayant même cosécante.

Remarque II. — Des formules qui précèdent on déduit que *pour que deux arcs aient même sinus (ou même cosécante), il faut et il suffit que leur somme soit un nombre impair de demi-circonférences, ou que leur différence soit un nombre pair de demi-circonférences.*

En effet, soient a et a' deux arcs ayant même sinus; ils sont alors compris dans l'une et dans l'autre des formules (1) ou tous deux dans la même. Dans le premier cas, on peut poser

$$a = 2K'\pi + \alpha, \quad a' = (2K'' + 1)\pi - \alpha$$

K′ et K″ représentant des valeurs particulières de K.

Ajoutant membre à membre, il vient :

$$a + a' = (2K' + 2K'' + 1)\pi,$$

c'est-à-dire que la somme des deux arcs est égale à un nombre impair de demi-circonférences.

Dans le second cas, celui où les arcs sont compris tous deux dans l'une des formules (1), on peut poser :

$$a = 2K'\pi + \alpha \quad \text{et} \quad a' = 2K''\pi + \alpha,$$

ou bien :

$$a = (2K' + 1)\pi - \alpha \quad \text{et} \quad a' = (2K'' + 1)\pi - \alpha.$$

On tire de ces égalités, en les retranchant membre à membre :

$$a - a' = 2(K' - K'')\pi,$$

c'est-à-dire que la différence des deux arcs vaut un nombre pair de demi-circonférences.

Réciproquement, soient deux arcs a et a' tels que l'on ait :

$$a + a' = (2K + 1)\pi,$$

ou bien :

$$a - a' = 2K\pi.$$

Dans la première hypothèse, on a :

$$a = (2K + 1)\pi - a',$$

d'où

$$\sin a = \sin\left[(2K+1)\pi - a'\right] = \sin(\pi - a') = \sin a' \ (11, 1^\circ \text{ et } 2^\circ).$$

Dans la seconde hypothèse, on a :

$$a = 2K\pi + a'$$

d'où

$$\sin a = \sin(2K\pi + a') = \sin a' \quad (11, 1^\circ),$$

ce qu'il fallait démontrer.

15. Cosinus. — Soit donné un cosinus, positif par exemple. Prenons à droite de BB' la longueur OQ égale au cosinus donné (fig. 10) et menons MQM' parallèle à BB'. Les arcs terminés en M et M', et ceux-là seuls, ont pour cosinus le cosinus donné.

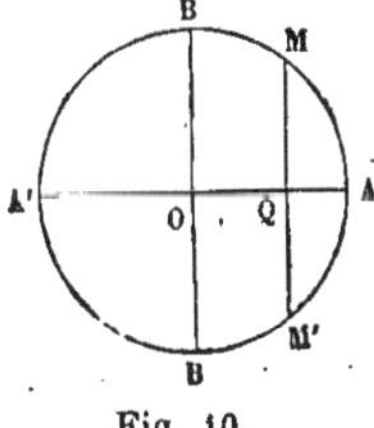

Fig. 10.

Le plus petit arc positif AM étant désigné par α, tous les arcs positifs terminés en M sont compris dans la série :

$$\alpha, \quad 2\pi + \alpha, \quad 4\pi + \alpha, \quad 6\pi + \alpha, \ldots.$$

et peuvent être représentés au moyen de la formule

$$2K\pi + \alpha$$

dans laquelle K représente un nombre entier positif ou nul.

Le premier arc positif terminé en M′ vaut $2\pi - \alpha$; tous les arcs positifs d'extrémité M′ valent donc :

$$2\pi - \alpha, \quad 4\pi - \alpha, \quad 6\pi - \alpha, \ldots.$$

et sont compris dans la formule

$$2K\pi - \alpha$$

dans laquelle K a la même signification que dans la précédente.

D'autre part, l'arc négatif AM vaut $-2\pi + \alpha$, car sa valeur absolue est $2\pi - \alpha$: il en résulte que les arcs négatifs terminés en M valent :

$$-2\pi + \alpha, \quad -4\pi + \alpha, \quad -6\pi + \alpha \ldots.$$

et peuvent être représentés par la formule $2K\pi + \alpha$ pourvu que l'on convienne de donner à K des valeurs négatives.

Enfin, l'arc négatif AM′ vaut $-\alpha$; tous les arcs négatifs terminés en M′ sont donc ceux de la série

$$-\alpha, \quad -2\pi - \alpha, \quad 4\pi - \alpha, \quad 6\pi - \alpha \ldots.$$

et sont compris dans la formule $2K\pi - \alpha$ dans laquelle on donnera à K des valeurs négatives.

En résumé, K représentant un nombre entier quelconque, positif, nul ou négatif, tous les arcs ayant même cosinus sont compris dans les formules

(2) $$2K\pi \pm \alpha.$$

On obtient les mêmes résultats lorsque le cosinus donné est négatif.

Remarque I. — Les formules (2) sont aussi celles de tous les arcs ayant même sécante.

Remarque II. — Des formules (2) on déduit que *pour que deux arcs aient même cosinus (ou même sécante), il faut et il suffit que leur somme ou bien leur différence soit un nombre pair de demi-circonférences.*

Ce principe se démontre comme celui relatif aux arcs ayant même sinus (14. Remarque II).

16. Tangente. — Soit donnée une tangente, positive par exemple. Menons en A au-dessus de AA′ (fig. 11) la tangente AT que nous prendrons égale à la tangente donnée et traçons le diamètre MM′ passant par l'extrémité T de cette tangente. Tous les arcs terminés en M et M′, et ceux-là seuls, ont pour tangente la quantité donnée.

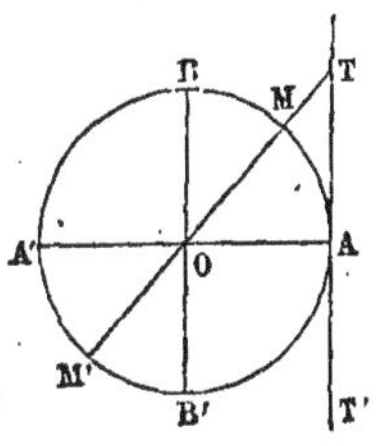

Fig. 11.

En nommant α le plus petit arc positif AM, on reconnaît aisément que les arcs tant positifs que négatifs terminés en M et M′ sont compris dans les séries :

$$\alpha, \quad \pi + \alpha, \quad 2\pi + \alpha. \quad 3\pi + \alpha, \quad 4\pi + \alpha \ldots.$$

$$-\pi + \alpha, \quad -2\pi + \alpha, \quad -3\pi + \alpha, \quad -4\pi + \alpha, \quad -5\pi + \alpha \ldots.$$

et que tous ces arcs peuvent être représentés par la formule

$$(3) \qquad K\pi + \alpha$$

dans laquelle, comme dans les précédentes, K représente un nombre entier quelconque, positif, nul ou négatif.

Cette formule convient encore au cas où la tangente donnée est négative.

Remarque I. — La formule (3) est aussi celle de tous les arcs ayant même cotangente.

Remarque II. — On déduit de la formule (3) que *pour que deux arcs aient même tangente (ou même cotangente), il faut et il suffit que leur différence soit un nombre entier de demi-circonférences.*

Ce principe se démontre comme celui relatif aux arcs ayant même sinus (14. Remarque II).

RELATIONS ENTRE LES LIGNES TRIGONOMÉTRIQUES D'UN MÊME ARC

17. Relations fondamentales. Il existe entre les lignes trigonométriques d'un même arc cinq relations distinctes que nous allons établir.

Soit un arc $AM = a$ (fig. 12) ayant son extrémité M située sur le premier quadrant : construisons ses lignes trigonométriques.

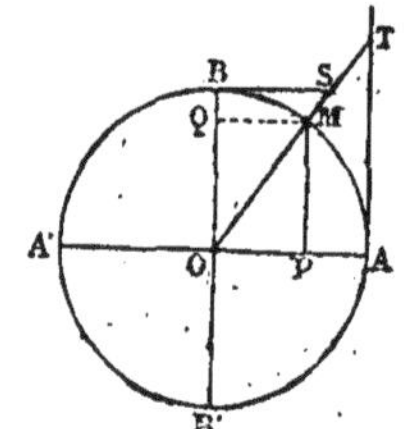

Fig. 12.

Le triangle rectangle OMP donne :

$$\overline{MP}^2 + \overline{OP}^2 = \overline{OM}^2$$

donc :

$$\sin^2 a + \cos^2 a = 1 \qquad (1)$$

Les triangles semblables OMP, OTA donnent :

$$\frac{AT}{OA} = \frac{MP}{OP}$$

et

$$\frac{OT}{OM} = \frac{OA}{OP}.$$

donc :

$$\operatorname{tg} a = \frac{\sin a}{\cos a} \qquad (2)$$

et

$$\operatorname{séc} a = \frac{1}{\cos a} \qquad (3)$$

Enfin on a dans les triangles semblables OBS, OMP :

$$\frac{BS}{OB} = \frac{OP}{MP}$$

et

$$\frac{OS}{OB} = \frac{OM}{MP}$$

donc :

$$\operatorname{cotg} a = \frac{\cos a}{\sin a} \qquad (4)$$

et

$$\operatorname{coséc} a = \frac{1}{\sin a} \qquad (5)$$

Les relations (1), (2), (3), (4), (5) sont les seules *distinctes* qui existent entre les lignes trigonométriques d'un même arc. En effet, s'il en existait seulement une sixième, ces lignes pourraient être déterminées, indépendamment de l'arc auquel elles appartiennent, ce qui est contre leur définition.

18. Relations déduites des précédentes. — En multipliant membre à membre les relations (2) et (4), on obtient :

$$\text{tg}\, a \,\text{cotg}\, a = 1$$

d'où

$$\text{tg}\, a = \frac{1}{\text{cotg}\, a}.$$

De même si l'on élimine sin a et cos a dans les relations (1), (2), (3), il vient

$$\text{séc}^2\, a = 1 + \text{tg}^2\, a.$$

La même opération effectuée dans les formules (1), (4) et (5) donne

$$\text{coséc}^2\, a = 1 + \text{cotg}^2\, a.$$

Ces résultats peuvent d'ailleurs être déduits de la considération des triangles OAT, OBS (fig. 12).

Remarque. — Le produit des six lignes trigonométriques d'un arc est égal à l'unité, car trois de ces lignes sont les inverses des trois autres.

19. Généralisation des relations fondamentales. — Les relations fondamentales ont été obtenues en considérant un arc ayant son extrémité sur le premier quadrant. Pour prouver qu'elles sont générales, nous ferons d'abord remarquer qu'elles sont vraies quel que soit l'arc considéré, lorsqu'on n'a pas égard aux signes des lignes trigonométriques, puisqu'il existe dans le premier quadrant un arc ayant en valeur absolue les mêmes lignes qu'un arc donné quelconque. En outre, si nous tenons compte des signes, nous pourrons reconnaître qu'elles sont encore vraies. Cela est évident pour la formule (1) qui ne renferme que des carrés ; quant aux autres il suffit évidemment pour vérifier leur exactitude de constater qu'il existe pour chacune un accord constant entre les signes de ses deux membres. Or si nous prenons, par exemple, la relation $\text{tg}\, a = \frac{\sin a}{\cos a}$, nous savons que dans les premier et troisième quadrants le sinus et le cosinus ont le même signe et la tangente est positive, tandis que dans les deuxième et quatrième quadrants le sinus et le cosinus ont des signes contraires et la tangente est négative.

La vérification s'opérerait de la même manière pour les relations qui donnent la sécante, la cotangente et la cosécante.

20. Calcul des lignes trigonométriques d'un arc. — Étant donnée l'une des lignes trigonométriques d'un arc, les relations fondamentales permettent de déterminer chacune des cinq autres.

Supposons par exemple que l'on donne $\cos a = m$, on tirera des formules (1), (2), (3), (4), (5) les valeurs suivantes :

$$\sin a = \pm\sqrt{1 - m^2}$$

$$\operatorname{tg} a = \frac{\pm\sqrt{1 - m^2}}{m}$$

$$\text{séc}\, a = \frac{1}{m}$$

$$\operatorname{cotg} a = \frac{m}{\pm\sqrt{1 - m^2}}$$

$$\text{coséc}\, a = \frac{1}{\pm\sqrt{1 - m^2}}$$

On obtient ainsi une seule valeur pour la sécante, et deux valeurs égales et de signes contraires pour chacune des autres lignes. Ceci s'explique aisément, car tous les arcs correspondants à un cosinus donné (15) ont même sécante, mais parmi eux les uns ont les sinus, tangente, cotangente et cosécante positifs, et les autres ces mêmes lignes négatives.

L'ambiguité due à ces doubles valeurs disparaît lorsque l'arc a est donné. On sait alors sur quel quadrant se trouve son extrémité et par suite quel est le signe qui convient à chacune de ses lignes trigonométriques.

21. Expression du sinus et du cosinus en fonction de la tangente. — Proposons-nous, étant donnée, $\operatorname{tg} a$ de calculer $\sin a$ et $\cos a$.

Nous nous servirons pour cela des relations :

(1) $$\sin^2 a + \cos^2 a = 1$$

(2) $$\operatorname{tg} a = \frac{\sin a}{\cos a}$$

Ces relations constituent un système de deux équations à deux inconnues sin a et cos a. De l'équation (2), on tire

$$\sin a = \operatorname{tg} a \cos a \qquad (3)$$

Transportant cette valeur dans l'équation (1) il vient successivement :

$$\operatorname{tg}^2 a \cos^2 a + \cos^2 a = 1.$$
$$\cos^2 a (\operatorname{tg}^2 a + 1) = 1.$$
$$\cos a = \frac{1}{\pm\sqrt{1+\operatorname{tg}^2 a}}$$

Ces valeurs de cos a transportées dans l'équation (3) donnent les valeurs correspondantes :

$$\sin a = \frac{\operatorname{tg} a}{\pm\sqrt{1+\operatorname{tg}^2 a}}$$

On a ainsi deux solutions, c'est-à-dire deux systèmes de valeurs des inconnues vérifiant les équations proposées, savoir:

$$1^\circ \sin a = \frac{\operatorname{tg} a}{\sqrt{1+\operatorname{tg}^2 a}} \quad \text{et} \quad \cos a = \frac{1}{\sqrt{1+\operatorname{tg}^2 a}}$$
$$2^\circ \sin a = \frac{\operatorname{tg} a}{-\sqrt{1+\operatorname{tg}^2 a}} \quad \text{et} \quad \cos a = \frac{1}{-\sqrt{1+\operatorname{tg}^2 a}}$$

On voit ainsi qu'à une même tangente correspondent deux sinus et deux cosinus respectivement égaux et de signes contraires, ce qui peut être vérifié comme il suit.

Tous les arcs correspondant à une tangente donnée sont compris dans la formule $K\pi + \alpha$ (16), donc étant donnée tang a, on doit trouver pour sin a et cos a tous les sinus et cosinus des arcs $K\pi + \alpha$. Or K peut être pair ou impair; s'il est pair, on a

$$\sin (K\pi + \alpha) = \sin \alpha \quad \text{et} \quad \cos (K\pi + \alpha) = \cos \alpha \qquad (11.\ 1^\circ)$$

et s'il est impair, on a

$$\sin (K\pi + \alpha) = -\sin \alpha \quad \text{et} \quad \cos (K\pi + \alpha) = -\cos \alpha \qquad (11.\ 3^\circ)$$

Les valeurs de sin a et cos a se réduisent donc bien pour chacune de ces lignes à deux égales et de signes contraires.

Cette vérification peut encore se faire à l'aide d'une figure. Soit en effet AT (fig. 13) la tangente donnée : menons le diamètre passant par le point T. Tous les arcs ayant pour tangente AT sont terminés les uns en M, les autres en M′ : or les premiers ont pour sinus MP et pour cosinus OP ; les seconds ont pour sinus M′P′ et pour cosinus OP′ et il est facile de voir que ces dernières lignes sont égales aux premières et de signes contraires.

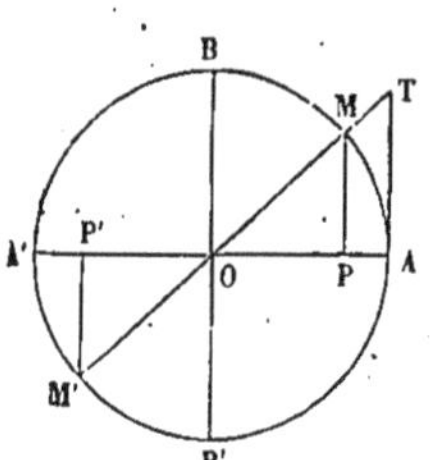

Fig. 13.

ADDITION ET SOUSTRACTION DES ARCS.

22. Sinus et cosinus de la somme et de la différence de deux arcs en fonction des sinus et cosinus de ces deux arcs. — Soient (fig. 14) AM $=a$, MN $=b$ deux arcs positifs dont la somme AN $=a+b$ est moindre que $\frac{\pi}{2}$.

L'arc AM a pour sinus MP et pour cosinus OP ; l'arc MN dont l'origine est en M a pour sinus NI et pour cosinus OI. Enfin l'arc AN ou $a+b$ a pour sinus NQ et pour cosinus OQ, lignes que nous allons calculer.

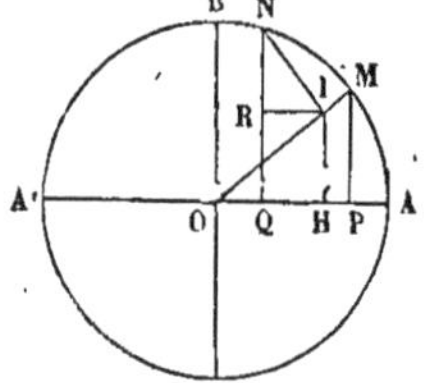

Fig. 14.

Pour cela, menons les droites IH, IR, la première parallèle au diamètre BB′, la seconde parallèle au diamètre AA′. Nous avons :

$$\sin(a+b) = \text{NQ} = \text{IH} + \text{NR}$$
$$\cos(a+b) = \text{OQ} = \text{OH} - \text{IR}.$$

Or les triangles semblables OIH, OMP donnent :

$$\frac{\text{IH}}{\text{MP}} = \frac{\text{OI}}{\text{OM}} \quad \text{et} \quad \frac{\text{OH}}{\text{OP}} = \frac{\text{OI}}{\text{OM}}$$

d'où l'on tire :

$$\text{IH} = \sin a \cos b. \qquad \text{OH} = \cos a \cos b.$$

De même les triangles semblables NIR, OPM donnent :

$$\frac{\text{NR}}{\text{OP}} = \frac{\text{NI}}{\text{OM}}, \quad \text{et} \quad \frac{\text{RI}}{\text{PM}} = \frac{\text{NI}}{\text{OM}}$$

d'où l'on tire :

$$\text{NR} = \cos a \sin b. \qquad \text{RI} = \sin a \sin b.$$

On a donc :

$$(1) \quad \begin{cases} \sin(a+b) = \sin a \cos b + \cos a \sin b. \\ \cos(a+b) = \cos a \cos b - \sin a \sin b. \end{cases}$$

Généralisation.—Les formules qui précèdent ont été établies en supposant a et b positifs et leur somme $a+b$ moindre que $\frac{\pi}{2}$: nous allons démontrer qu'elles sont générales:

1° *Les formules* (1) *sont vraies pour deux arcs positifs* a *et* b *moindres chacun que* $\frac{\pi}{2}$, *mais ayant une somme plus grande que* $\frac{\pi}{2}$.

En effet soient α et β les compléments de ces arcs a et b, on aura $\alpha + \beta = \pi - (a+b)$ et comme $a+b$ est supposé plus grand que $\frac{\pi}{2}$, on voit que $\alpha+\beta$ est moindre que $\frac{\pi}{2}$. Les formules (1) sont donc immédiatement applicables aux arcs α et β et l'on a :

$$(2) \quad \begin{cases} \sin(\alpha+\beta) = \sin\alpha \cos\beta + \cos\alpha \sin\beta. \\ \cos(\alpha+\beta) = \cos\alpha \cos\beta - \sin\alpha \sin\beta. \end{cases}$$

Mais $\alpha+\beta$ est le supplément de $a+b$; par suite $\sin(\alpha+\beta) = \sin(a+b)$ et $\cos(\alpha+\beta) = -\cos(a+b)$. (11. 2°). D'ailleurs α étant le complément de a et β celui de b, on a $\sin\alpha = \cos a$, $\cos\alpha = \sin a$, $\sin\beta = \cos b$, $\cos\beta = \sin b$. En remplaçant dans les formules (2) et changeant les signes des deux membres de la seconde, il vient :

$$\sin(a+b) = \cos a \sin b + \sin a \cos b.$$
$$\cos(a+b) = \cos a \cos b - \sin a \sin b.$$

relations qui sont précisément les formules (1)

2° *Les formules* (1) *sont encore vraies lorsqu'on ajoute un quadrant à l'un des arcs positifs* a *et* b *qui valent chacun moins que* $\frac{\pi}{2}$.

En effet, soit $a+\frac{\pi}{2}=a'$, on en tire $a=a'-\frac{\pi}{2}$ et les formules (1) peuvent s'écrire :

$$(3)\left\{\begin{array}{l}\sin\left(a'-\frac{\pi}{2}+b\right)=\sin\left(a'-\frac{\pi}{2}\right)\cos b+\cos\left(a'-\frac{\pi}{2}\right)\sin b.\\ \cos\left(a'-\frac{\pi}{2}+b\right)=\cos\left(a'-\frac{\pi}{2}\right)\cos b-\sin\left(a'-\frac{\pi}{2}\right)\sin b.\end{array}\right.$$

Or

$$\sin\left(a'-\frac{\pi}{2}+b\right)=-\sin\left[\frac{\pi}{2}-(a'+b)\right]=-\cos(a'+b)$$

$$\sin\left(a'-\frac{\pi}{2}\right)=-\sin\left(\frac{\pi}{2}-a'\right)=-\cos a'$$

$$\cos\left(a'-\frac{\pi}{2}+b\right)=\cos\left[\frac{\pi}{2}-(a'+b)\right]=\sin(a'+b)$$

$$\cos\left(a'-\frac{\pi}{2}\right)=\cos\left(\frac{\pi}{2}-a'\right)=\sin a'.$$

Substituant dans les formules (3) et changeant les signes des deux membres de la première, il vient :

$$(4)\left\{\begin{array}{l}\cos(a'+b)=\cos a'\cos b-\sin a'\sin b.\\ \sin(a'+b)=\sin a'\cos b+\cos a'\sin b.\end{array}\right.$$

Relations qui ne sont autres que les formules (1) dans lesquelles l'arc a a été augmenté d'un quadrant.

3° *Les formules* (1) *sont vraies pour tous les arcs positifs quelle que soit leur grandeur.*

En effet, d'après ce qu'on vient d'établir, elles restent vraies lorsqu'on ajoute à l'arc a' un quadrant, c'est-à-dire à l'arc a deux quadrants ; il en serait de même si l'on ajoutait à cet arc trois, quatre .... quadrants. Ceci étant évidemment applicable à l'arc b, si l'on considère deux arcs positifs quelconques A et B, les formules (1) leur seront applicables, car chacun d'eux pourra être considéré comme égal à un arc moindre que $\frac{\pi}{2}$ augmenté d'un certain nombre de quadrants.

4° *Enfin les formules* (1) *sont vraies pour les arcs négatifs.*

En effet, supposons a négatif et soit K un nombre entier tel que $2K\pi + a$ soit positif, les formules conviendront aux arcs $2K\pi + a$ et b et l'on aura

$$\sin(2K\pi + a + b) = \sin(2K\pi + a)\cos b + \cos(2K\pi + a)\sin b.$$
$$\cos(2K\pi + a + b) = \cos(2K\pi + a)\cos b - \sin(2K\pi + a)\sin b.$$

Mais l'on sait que les lignes trigonométriques ne changent pas lorsqu'on retranche de l'arc un nombre entier de circonférences. Supprimant donc $2K\pi$, il vient :

$$\sin(a + b) = \sin a \cos b + \cos a \sin b,$$
$$\cos(a + b) = \cos a \cos b - \sin a \sin b.$$

Ainsi les formules (1) sont vraies dans le cas de a négatif.

La démonstration serait la même si l'on supposait b négatif ou a et b tous deux négatifs.

Les formules (1) sont donc générales.

Il est bon de remarquer que chacune d'elles peut se déduire de l'autre en remplaçant dans celle-ci a par $a + \frac{\pi}{2}$ ou b par $b + \frac{\pi}{2}$.

Si dans les formules (1) on remplace b par $-b$, on trouve :

$$\sin(a - b) = \sin a \cos b - \cos a \sin b.$$
$$\cos(a - b) = \cos a \cos b + \sin a \sin b.$$

Relations qui donnent le sinus et le cosinus de la différence de deux arcs en fonction des sinus et cosinus de ces arcs.

Ces dernières relations peuvent être établies directement à l'aide de la figure 15, dans laquelle $AM = a$, $MN = b$, $MP = \sin a$, $OP = \cos a$, $NI = \sin b$, $OI = \cos b$; $NQ = \sin(a - b)$ et $OQ = \cos(a - b)$. Ayant mené les droites IR, IH respectivement parallèles aux diamètres AA′, BB′, on constate que $\sin(a - b) = IH - RN$ et $\cos(a - b) = OH + IR$. L'évaluation des lignes IH, RN, OH, IR s'opère ensuite à l'aide des triangles semblables OIH, IRN, OMP et l'on trouve les résultats indiqués plus haut.

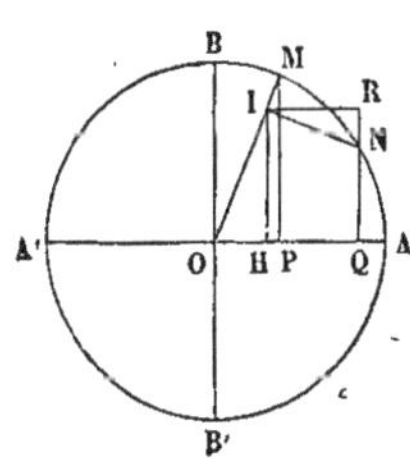

Fig. 15.

REMARQUE. — On peut à l'aide des relations (1) obtenir les sinus et cosinus de la somme d'autant d'arcs que l'on veut en fonction des sinus et cosinus de ces arcs.

Ainsi considérant $a + b + c$ comme la somme de deux arcs $a + b$ et c, on a :

$$\sin(a + b + c) = \sin(a + b)\cos c + \cos(a + b)\sin c,$$
$$\cos(a + b + c) = \cos(a + b)\cos c - \sin(a + b)\sin c,$$

et l'on n'a plus qu'à remplacer sin et cos $(a + b)$ par leurs valeurs données par les formules (1).

On passerait facilement ensuite à sin et cos $(a + b + c + d)$, et ainsi de suite.

23. Tangente et cotangente de la somme et de la différence de deux arcs en fonction des tangentes et cotangentes de ces arcs. — On a vu (17) que la tangente d'un arc a vaut $\frac{\sin a}{\cos a}$, donc :

$$\operatorname{tg}(a + b) = \frac{\sin(a + b)}{\cos(a + b)} = \frac{\sin a \cos b + \cos a \sin b}{\cos a \cos b - \sin a \sin b}.$$

Si l'on divise les deux termes du second membre de l'expression par $\cos a \cos b$, il vient :

$$\operatorname{tg}(a + b) = \frac{\frac{\sin a}{\cos a} + \frac{\sin b}{\cos b}}{1 - \frac{\sin a \sin b}{\cos a \cos b}}.$$

Mais $\frac{\sin a}{\cos a} = \operatorname{tg} a$ et $\frac{\sin b}{\cos b} = \operatorname{tg} b$, donc :

$$\operatorname{tg}(a + b) = \frac{\operatorname{tg} a + \operatorname{tg} b}{1 - \operatorname{tg} a \operatorname{tg} b}.$$

En remplaçant b par $-b$, on trouve :

$$\operatorname{tg}(a - b) = \frac{\operatorname{tg} a - \operatorname{tg} b}{1 + \operatorname{tg} a \operatorname{tg} b}.$$

On obtient à l'aide de calculs analogues les relations :

$$\cot g\,(a+b)=\frac{\cot g\,a\cot g\,b-1}{\cot g\,b+\cot g\,a}.$$

$$\cot g\,(a-b)=\frac{\cot g\,a\cot g\,b+1}{\cot g\,b-\cot g\,a}.$$

Remarque. — Les formules qui précèdent permettent de calculer la tangente et la cotangente de la somme d'autant d'arcs que l'on veut.

Ainsi par exemple en regardant $a+b+c$ comme la somme de deux arcs $a+b$ et c, on a :

$$\operatorname{tg}(a+b+c)=\frac{\operatorname{tg}(a+b)+\operatorname{tg}c}{1-\operatorname{tg}(a+b)\operatorname{tg}c}.$$

Remplaçant $\operatorname{tg}(a+b)$ par sa valeur et simplifiant, il vient :

$$\operatorname{tg}(a+b+c)=\frac{\operatorname{tg}a+\operatorname{tg}b+\operatorname{tg}c-\operatorname{tg}a\operatorname{tg}b\operatorname{tg}c}{1-\operatorname{tg}a\operatorname{tg}b-\operatorname{tg}a\operatorname{tg}c-\operatorname{tg}b\operatorname{tg}c}.$$

On obtiendrait d'une manière semblable $\cot g\,(a+b+c)$, puis tg et cotg $(a+b+c+d)$ etc.

MULTIPLICATION DES ARCS.

24. Sinus et cosinus. — Si dans les formules

$$(1)\quad \begin{cases} \sin(a+b)=\sin a\cos b+\cos a\sin b \\ \cos(a+b)=\cos a\cos b-\sin a\sin b \end{cases}$$

on fait $b=a$, il vient:

$$\sin 2a=2\sin a\cos a$$
$$\cos 2a=\cos^2 a-\sin^2 a.$$

Relations qui donnent le sinus et le cosinus du double d'un arc en fonction du sinus et du cosinus de cet arc.

Si maintenant on fait dans les formules (1) $b=2a$, il vient:

$$\sin 3a=\sin a\cos 2a+\cos a\sin 2a$$
$$\cos 3a=\cos a\cos 2a-\sin a\sin 2a$$

et il ne reste plus qu'à remplacer sin et cos $2a$ par leurs valeurs trouvées plus haut pour avoir sin $3a$ et cos $3a$ en fonction de sin et cos a.

On calculerait de même sin et cos $4a$, sin et cos $5a$ etc., en fonction de sin et cos a.

REMARQUE. — En faisant usage de la relation $\sin^2 a + \cos^2 a = 1$, on peut trouver sin $2a$, $3a$, $4a$, ... en fonction de sin a, et cos $2a$, $3a$, $4a$ ..... en fonction de cos a.

25. Tangente et cotangente. — Si dans les formules

$$\operatorname{tg}(a+b) = \frac{\operatorname{tg} a + \operatorname{tg} b}{1 - \operatorname{tg} a \operatorname{tg} b}.$$

$$\operatorname{cotg}(a+b) = \frac{\operatorname{cotg} a \operatorname{cotg} b - 1}{\operatorname{cotg} b + \operatorname{cotg} a},$$

on fait $b = a$, il vient :

$$\operatorname{tg} 2a = \frac{2 \operatorname{tg} a}{1 - \operatorname{tg}^2 a}.$$

$$\operatorname{cotg} 2a = \frac{\operatorname{cotg}^2 a - 1}{2 \operatorname{cotg} a}.$$

On obtiendrait tg et cotg $3a$, $4a$.... en faisant dans les relations qui donnent tg et cotg $(a+b)$, $b = 2a$, $3a$ etc.....

DIVISION DES ARCS.

26. Expression de sin $\frac{1}{2}a$ et de cos $\frac{1}{2}a$ en fonction de cos a. — En remplaçant a par $\frac{1}{2}a$ dans la formule $\cos 2a = \cos^2 a - \sin^2 a$, on obtient :

$$\cos^2 \frac{1}{2}a - \sin^2 \frac{1}{2}a = \cos a$$

d'autre part, on sait que :

$$\cos^2 \frac{1}{2}a + \sin^2 \frac{1}{2}a = 1.$$

On a ainsi un système de deux équations à deux inconnues $\sin \frac{1}{2} a$ et $\cos \frac{1}{2} a$.

Retranchant, puis ajoutant membre à membre ces deux équations, il vient successivement :

$$2 \sin^2 \frac{1}{2} a = 1 - \cos a$$

$$2 \cos^2 \frac{1}{2} a = 1 + \cos a$$

donc :

$$\sin \frac{1}{2} a = \pm \sqrt{\frac{1 - \cos a}{2}}$$

$$\cos \frac{1}{2} a = \pm \sqrt{\frac{1 + \cos a}{2}}.$$

On a ainsi quatre solutions, c'est-à-dire quatre systèmes de valeurs des inconnues vérifiant les équations, car ces dernières renfermant les inconnues au carré, on peut grouper avec chacune des valeurs de $\sin \frac{1}{2} a$ l'une et l'autre des valeurs de $\cos \frac{1}{2} a$.

On peut expliquer comme il suit, comment étant donné $\cos a$, il existe deux valeurs égales et de signes contraires pour chacune des lignes $\sin \frac{1}{2} a$ et $\cos \frac{1}{2} a$.

Un cosinus étant donné, une infinité d'arcs lui correspondent (15) et ces arcs sont compris dans les formules

$$2 K\pi \pm a.$$

Leurs moitiés sont donc comprises dans les formules

$$K\pi \pm \frac{a}{2}$$

et l'on doit trouver pour $\sin \frac{1}{2} a$ et $\cos \frac{1}{2} a$ les valeurs des sinus et des cosinus de tous les arcs $K\pi \pm \frac{a}{2}$.

Or si K est un nombre pair, on a :

$$\sin\left(K\pi \pm \frac{\alpha}{2}\right) = \sin\left(\pm \frac{\alpha}{2}\right) = \pm \sin \frac{\alpha}{2}$$

$$\cos\left(K\pi \pm \frac{\alpha}{2}\right) = \cos\left(\pm \frac{\alpha}{2}\right) = \cos \frac{\alpha}{2}$$

et si K est impair :

$$\sin\left(K\pi \pm \frac{\alpha}{2}\right) = -\sin\left(\pm \frac{\alpha}{2}\right) = \mp \sin \frac{\alpha}{2}$$

$$\cos\left(K\pi \pm \frac{\alpha}{2}\right) = -\cos\left(\pm \frac{\alpha}{2}\right) = -\cos \frac{\alpha}{2}$$

Il existe donc bien deux valeurs égales et de signes contraires pour chacune des quantités $\sin \frac{1}{2} a$ et $\cos \frac{1}{2} a$.

Ceci peut encore être vérifié au moyen d'une figure. Soit en effet OP le cosinus donné (fig. 16) : menons MM′ parallèle au diamètre BB′. Tous les arcs ayant leurs extrémités en M et M′, et ceux-là seuls, ont pour cosinus OP. Il s'agit donc de déterminer les moitiés de ces arcs et d'en construire ensuite les sinus et cosinus.

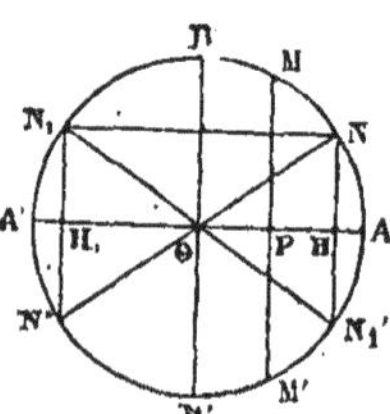

Fig. 16.

Soit N le milieu de l'arc positif AM ; les autres arcs positifs terminés en M sont égaux à l'arc AM augmenté de une, deux, trois... circonférences ; leurs moitiés vaudront donc AN augmenté de une, deux, trois... demi-circonférences, et par suite auront pour extrémités les points N, N′, où le diamètre mené par le point N rencontre la circonférence.

D'autre part, l'arc positif AM′ vaut une circonférence moins AM′ ou son égal AM : sa moitié vaut donc une demi-circonférence moins AN moitié de AM. On obtiendra l'extrémité N_1 de cette moitié en menant NN_1 parallèle à AA′ ; menant ensuite le diamètre N_1N_1', on aura en N_1, N_1' comme on peut facilement s'en rendre compte, les extrémités des moitiés de tous les arcs positifs terminés en M′.

Tous les arcs positifs ayant OP pour cosinus ont donc leurs moitiés terminées en N, N′, N_1, N_1'. Il est d'ailleurs aisé de reconnaître que ces quatre points sont également les extrémités des moitiés des arcs négatifs ayant pour cosinus OP.

Si l'on construit maintenant les sinus et les cosinus de ces moitiés, on voit que les valeurs des sinus se réduisent à deux égales et de signes contraires, NH, $N_1'H$, et que les valeurs des cosinus se réduisent également à deux, OH, OH_1, égales et de signes contraires.

Remarque I. — Lorsque l'on connaît la valeur de l'arc a dont le cosinus est donné, l'arc $\frac{1}{2}a$ est déterminé et l'on se trouve alors fixé sur les valeurs qu'il convient de prendre pour sin et $\cos\frac{1}{2}a$. Ainsi, a valant par exemple 200°, $\frac{1}{2}a$ vaut 100°, par suite on doit prendre pour $\sin\frac{1}{2}a$ la valeur $\sqrt{\frac{1-\cos a}{2}}$ et pour $\cos\frac{1}{2}a$ la valeur $-\sqrt{\frac{1+\cos a}{2}}$.

Remarque II. — Des formules :

$$\sin\frac{1}{2}a = \pm\sqrt{\frac{1-\cos a}{2}}$$

$$\cos\frac{1}{2}a = \pm\sqrt{\frac{1+\cos a}{2}}.$$

On déduit :

$$\operatorname{tg}\frac{1}{2}a = \pm\sqrt{\frac{1-\cos a}{1+\cos a}}.$$

La double valeur de $\operatorname{tg}\frac{1}{2}a$ en fonction de $\cos a$ peut s'expliquer par les mêmes procédés que ceux qui viennent d'être employés pour les valeurs de sin et $\cos\frac{1}{2}a$.

27. Expression de $\sin\frac{1}{2}a$ et de $\cos\frac{1}{2}a$ en fonction de $\sin a$. — En remplaçant a par $\frac{1}{2}a$ dans la formule $\sin 2a = 2\sin a\cos a$, on trouve :

$$2 \sin \frac{1}{2} a \cos \frac{1}{2} a = \sin a$$

d'autre part, on a :

$$\sin^2 \frac{1}{2} a + \cos^2 \frac{1}{2} a = 1.$$

Et ces relations forment un système de deux équations à deux inconnues $\sin \frac{1}{2} a$ et $\cos \frac{1}{2} a$.

Ajoutant, puis retranchant membre à membre, il vient successivement :

$$\left(\sin \frac{1}{2} a + \cos \frac{1}{2} a\right)^2 = 1 + \sin a$$

$$\left(\sin \frac{1}{2} a - \cos \frac{1}{2} a\right)^2 = 1 - \sin a$$

d'où

$$\sin \frac{1}{2} a + \cos \frac{1}{2} a = \pm \sqrt{1 + \sin a}$$

$$\sin \frac{1}{2} a - \cos \frac{1}{2} a = \pm \sqrt{1 - \sin a}.$$

On déduit de ces dernières relations :

$$(1) \quad \begin{cases} \sin \frac{1}{2} a = \frac{1}{2} (\pm \sqrt{1 + \sin a} \pm \sqrt{1 - \sin a}) \\ \cos \frac{1}{2} a = \frac{1}{2} (\pm \sqrt{1 + \sin a} \mp \sqrt{1 - \sin a}). \end{cases}$$

On trouve ainsi quatre valeurs pour $\sin \frac{1}{2} a$ et aussi pour $\cos \frac{1}{2} a$. Ces valeurs ne peuvent se grouper que de quatre manières pour former des solutions de la question ; il est facile de s'en assurer en considérant l'équation $2 \sin \frac{1}{2} a \cos \frac{1}{2} a = \sin a$, de laquelle il résulte qu'à chaque valeur de $\sin \frac{1}{2} a$ ne correspond qu'une valeur de $\cos \frac{1}{2} a$. Dans chaque groupe formant une solution, on doit prendre devant chaque radical les signes supérieurs ensemble ou les signes inférieurs ensemble, car deux valeurs formant un groupe doivent avoir pour somme $\pm\sqrt{1+\sin a}$, et pour différence $\pm\sqrt{1-\sin a}$.

Le calcul a donné pour $\sin\frac{1}{2}a$ quatre valeurs, deux à deux égales et de signes contraires, et aussi pour $\cos\frac{1}{2}a$ quatre valeurs qui sont égales à celles du sinus. Ces résultats peuvent être expliqués comme il suit :

Un sinus étant donné, il existe une infinité d'arcs qui lui correspondent (14), et ces arcs sont compris dans les formules :

$$2K\pi+\alpha. \qquad (2K+1)\pi-\alpha.$$

Leurs moitiés sont donc comprises dans les formules,

$$K\pi+\frac{\alpha}{2}. \qquad K\pi+\frac{\pi}{2}-\frac{\alpha}{2},$$

et les valeurs de $\sin\frac{1}{2}a$ et $\cos\frac{1}{2}a$ sont celles des sinus et cosinus des arcs $K\pi+\frac{\alpha}{2}$, $K\pi+\frac{\pi}{2}-\frac{\alpha}{2}$.

Or, si K est pair, on a :

$$\sin\left(K\pi+\frac{\alpha}{2}\right)=\sin\frac{\alpha}{2}$$

$$\sin\left(K\pi+\frac{\pi}{2}-\frac{\alpha}{2}\right)=\sin\left(\frac{\pi}{2}-\frac{\alpha}{2}\right)=\cos\frac{\alpha}{2}$$

et si K est impair :

$$\sin\left(K\pi+\frac{\alpha}{2}\right)=-\sin\frac{\alpha}{2}$$

$$\sin\left(K\pi+\frac{\pi}{2}-\frac{\alpha}{2}\right)=-\sin\left(\frac{\pi}{2}-\frac{\alpha}{2}\right)=-\cos\frac{\alpha}{2}.$$

D'autre part, K étant pair, on a :

$$\cos\left(K\pi+\frac{\alpha}{2}\right)=\cos\frac{\alpha}{2}$$

$$\cos\left(K\pi+\frac{\pi}{2}-\frac{\alpha}{2}\right)=\cos\left(\frac{\pi}{2}-\frac{\alpha}{2}\right)=\sin\frac{\alpha}{2}$$

et K étant impair :

$$\cos\left(K\pi + \frac{\pi}{2}\right) = -\cos\frac{\alpha}{2}$$

$$\cos\left(K\pi + \frac{\pi}{2} - \frac{\alpha}{2}\right) = -\cos\left(\frac{\pi}{2} - \frac{\alpha}{2}\right) = -\sin\frac{\alpha}{2}.$$

Lorsque $\sin a$ est donné, il existe donc pour $\sin\frac{1}{2}a$ et aussi pour $\cos\frac{1}{2}a$ quatre valeurs égales deux à deux et de signes contraires ; de plus les quatre valeurs du cosinus sont égales à celles du sinus.

On peut encore se rendre compte de ces résultats au moyen d'une figure. En effet, soit OP le sinus donné (fig. 17) ; menons MPM′ parallèle au diamètre AA′. Tous les arcs terminés en M et M′, et ceux-là seuls, ont pour sinus OP. Nous allons déterminer les moitiés de ces arcs. Pour cela, ayant pris le point N milieu de l'arc positif AM, menons le diamètre NN′ : les points N, N′ sont les extrémités des moitiés de tous les arcs terminés en M. D'un autre côté, l'arc positif AM′ vaut une demi-circonférence moins A′M′ ou AM, sa moitié vaut donc un quart de circonférence moins AN. Prenant $BN_1 = AN$ et menant le diamètre $N_1 N'_1$, nous aurons en N_1, N'_1 les extrémités des moitiés de tous les arcs terminés en M′.

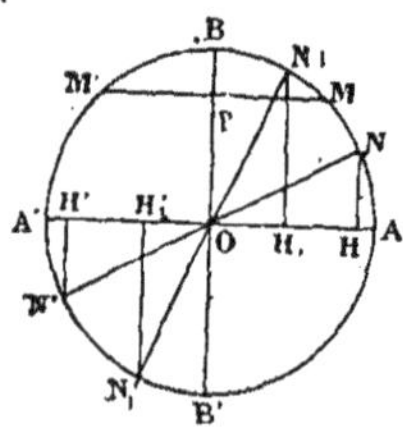

Fig. 17.

Ainsi tous les arcs $\frac{1}{2}a$ ont leurs extrémités aux points N, N_1, N′, N_1'. Si l'on construit les sinus et cosinus de ces arcs, on voit que $\sin\frac{1}{2}a$ a quatre valeurs NH, N′H′, N_1H_1, $N'_1H'_1$ égales deux à deux et de signes contraires, et qu'on a également pour $\cos\frac{1}{2}a$ quatre valeurs dans les mêmes conditions De plus, il résulte de l'égalité des triangles ONH, ON_1H_1, que les valeurs du cosinus sont égales à celles du sinus.

Remarque I. — Lorsque la valeur de l'arc a est connue, on

peut déterminer celles des quatre valeurs de sin et $\cos \frac{1}{2} a$ qu'il convient de prendre. Dans ce cas en effet, on connaît le signe que doit avoir chacune des deux lignes, et l'on sait laquelle des deux est la plus grande en valeur absolue. Ainsi, soit par exemple l'arc $a = 300°$; $\frac{1}{2} a$ vaut alors $150°$: $\sin \frac{1}{2} a$ est positif et $\cos \frac{1}{2} a$ est négatif. De plus en valeur absolue on a $\cos \frac{1}{2} a > \sin \frac{1}{2} a$, car en ramenant $150°$ au premier quadrant, on trouve $30°$ dont le sinus est moindre que le cosinus. (Dans le premier quadrant, le sinus est inférieur au cosinus de $0°$ à $\frac{\pi}{4}$ ou $45°$ et il est plus grand que lui de $\frac{\pi}{4}$ à $\frac{\pi}{2}$). Enfin $\sin a$ ($\sin 300°$) est négatif, de sorte que le radical $\sqrt{1 - \sin a}$ donne son signe. On a donc :

$$\sin 150° = \frac{1}{2}\left(-\sqrt{1 + \sin 300°} + \sqrt{1 - \sin 300°}\right),$$

$$\cos 150° = \frac{1}{2}\left(-\sqrt{1 + \sin 300°} - \sqrt{1 - \sin 300°}\right).$$

Remarque II. — Si dans les formules

$$\sin \frac{1}{2} a = \pm \sqrt{\frac{1 - \cos a}{2}},$$

$$\cos \frac{1}{2} a = \pm \sqrt{\frac{1 + \cos a}{2}},$$

on remplace $\cos a$ par sa valeur $\pm \sqrt{1 - \sin^2 a}$, il vient :

$$\sin \frac{1}{2} a = \pm \sqrt{\frac{1 \mp \sqrt{1 - \sin^2 a}}{2}},$$

$$\cos \frac{1}{2} a = \pm \sqrt{\frac{1 \pm \sqrt{1 - \sin^2 a}}{2}}$$

On obtient ainsi sous une autre forme les valeurs de $\sin \frac{1}{2} a$ et $\cos \frac{1}{2} a$ en fonction de $\sin a$. En opérant dans ces dernières formules la transformation des radicaux suivant les règles indiquées en Algèbre, on retrouverait les relations (1).

28. Expression de tg $\frac{1}{2}a$ en fonction de tg a. — Si dans la formule

$$\operatorname{tg} 2a = \frac{2 \operatorname{tg} a}{1 - \operatorname{tg}^2 a}$$

on remplace a par $\frac{1}{2}a$, il vient :

$$\operatorname{tg} a = \frac{2 \operatorname{tg} \frac{1}{2} a}{1 - \operatorname{tg}^2 \frac{1}{2} a}.$$

Cette équation du second degré, ramenée à la forme ordinaire, devient :

$$\operatorname{tg} a \operatorname{tg}^2 \frac{1}{2} a + 2 \operatorname{tg} \frac{1}{2} a - \operatorname{tg} a = 0 \qquad (1)$$

on en tire :

$$\operatorname{tg} \frac{1}{2} a = \frac{-1 \pm \sqrt{1 + \operatorname{tg}^2 a}}{\operatorname{tg} a}$$

On trouve ainsi pour tg $\frac{1}{2}a$ deux valeurs réelles de signes contraires. Le produit de ces deux valeurs est égal à -1, et leur somme vaut $\frac{-2}{\operatorname{tg} a}$.

On peut se rendre compte de ces résultats de la manière suivante.

Une tangente étant donnée, tous les arcs qui lui correspondent sont compris dans la formule $K\pi + \alpha$ (16), donc leurs moitiés sont comprises dans la formule $\frac{K\pi}{2} + \frac{\alpha}{2}$, et les valeurs de tg $\frac{1}{2}a$ sont celles des tangentes des arcs $\frac{K\pi}{2} + \frac{\alpha}{2}$.

Or si K est pair, on peut poser $K = 2m$, et l'on a :

$$\operatorname{tg}\left(\frac{K\pi}{2} + \frac{\alpha}{2}\right) = \operatorname{tg}\left(m\pi + \frac{\alpha}{2}\right) = \operatorname{tg} \frac{\alpha}{2}.$$

Si K est impair, on peut poser $K = 2m + 1$, et l'on a :

$$\operatorname{tg}\left(\frac{K\pi}{2} + \frac{\alpha}{2}\right) = \operatorname{tg}\left(m\pi + \frac{\pi}{2} + \frac{\alpha}{2}\right) = \operatorname{tg}\left(\frac{\pi}{2} + \frac{\alpha}{2}\right) = -\operatorname{cotg}\frac{\alpha}{2}.$$

Il existe donc bien, étant donnée $\operatorname{tg} a$ deux valeurs de signes contraires pour $\operatorname{tg}\frac{1}{2}a$.

On voit immédiatement que le produit de ces deux valeurs est égal à -1.

Leur somme est $\operatorname{tg}\frac{\alpha}{2} - \operatorname{cotg}\frac{\alpha}{2}$; elle est égale à $-\frac{2}{\operatorname{tg} a}$.

En effet, on a :

$$\operatorname{tg}\frac{\alpha}{2} - \operatorname{cotg}\frac{\alpha}{2} = \operatorname{tg}\frac{\alpha}{2} - \frac{1}{\operatorname{tg}\frac{\alpha}{2}} = \frac{\operatorname{tg}^2\frac{\alpha}{2} - 1}{\operatorname{tg}\frac{\alpha}{2}} = -2 \times \frac{1}{\operatorname{tg}\alpha}.$$

On peut encore expliquer les résultats obtenus, au moyen d'une figure. En effet, soit AT la tangente donnée (fig. 18); menons le diamètre MM′ passant par le point T : tous les arcs terminés en M, M′ et ceux-là seuls, auront pour tangente AT. Déterminons les moitiés de ces arcs. Le point N étant le milieu de l'arc positif AM, les extrémités du diamètre NN_2 sont celles des moitiés de tous les arcs terminés en M. D'un autre côté, l'arc positif AM′ vaut une demi-circonférence plus A′M′ ou AM ; donc sa moitié vaut un quart de circonférence plus AN, et par suite les extrémités des moitiés de tous les arcs terminés en M′ sont celles du diamètre N_1N_3 mené perpendiculairement sur NN_2. De cette façon, tous les arcs ayant AT pour tangente ont leurs moitiés terminées aux sommets du carré $NN_1N_2N_3$ et les tangentes de ces moitiés se réduisent à deux, AS et AS′.

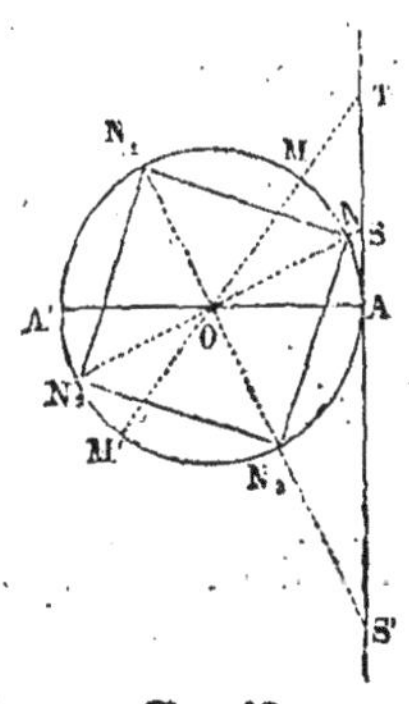

Fig. 18.

Le produit des deux lignes AS, AS′ est égal à -1. En effet, dans le triangle rectangle SOS', la ligne OA étant perpendiculaire sur l'hypoténuse, on a :

$$\overline{OA}^2 = AS \times AS'.$$

Or OA = 1 et AS' est une tangente négative, on a donc en tenant compte de son signe :

$$AS \times (-AS') = -1.$$

D'autre part, la ligne OS est la bissectrice de l'angle AOT, on a donc :

$$\frac{AS}{ST} = \frac{OA}{OT} \quad \text{ou} \quad \frac{AS}{\operatorname{tg} a - AS} = \frac{1}{\operatorname{séc} a}$$

On en tire :

$$AS = \frac{\operatorname{tg} a}{\operatorname{séc} a + 1}$$

La droite OS' perpendiculaire sur OS est bissectrice de l'angle AOM' extérieur au triangle AOT, on a donc :

$$\frac{AS'}{TS'} = \frac{OA}{OT} \quad \text{ou} \quad \frac{AS'}{AS' + \operatorname{tg} a} = \frac{1}{\operatorname{séc} a}$$

on en tire :

$$AS' = \frac{\operatorname{tg} a}{\operatorname{séc} a - 1}$$

Additionnant algébriquement AS et $-$ AS', il vient :

$$AS + (-AS') = \frac{\operatorname{tg} a}{\operatorname{séc} a + 1} - \frac{\operatorname{tg} a}{\operatorname{séc} a - 1} = \frac{-2 \operatorname{tg} a}{\operatorname{séc}^2 a - 1} = -\frac{2}{\operatorname{tg} a}.$$

Ainsi la somme des deux valeurs de $\operatorname{tg} \frac{1}{2} a$ est bien égale à $-\frac{2}{\operatorname{tg} a}$.

REMARQUE I. — Lorsque l'arc a est donné, on sait quelle valeur on doit prendre pour $\operatorname{tg} \frac{1}{2} a$. Ainsi si $a = \frac{\pi}{4}$ ou 45°, $\frac{1}{2}$ a est un arc de premier quadrant : sa tangente est donc positive et l'on doit prendre la valeur

$$\operatorname{tg}\frac{1}{2}a = \frac{-1+\sqrt{1+\operatorname{tg}^2 a}}{\operatorname{tg} a}.$$

REMARQUE II. — En partant de la formule :

$$\operatorname{cotg} 2a = \frac{\operatorname{cotg}^2 a - 1}{2 \operatorname{cotg} a}$$

et en y remplaçant a par $\frac{1}{2}a$, on obtiendrait une équation de laquelle on pourrait tirer $\operatorname{cotg}\frac{1}{2}a$ en fonction de $\operatorname{cotg} a$.

FORMULES POUR TRANSFORMER EN UN PRODUIT LA SOMME OU LA DIFFÉRENCE DE DEUX LIGNES TRIGONOMÉTRIQUES.

29. Reprenons les formules :

$$\begin{aligned}
\sin(a+b) &= \sin a \cos b + \cos a \sin b,\\
\sin(a-b) &= \sin a \cos b - \cos a \sin b,\\
\cos(a+b) &= \cos a \cos b - \sin a \sin b,\\
\cos(a-b) &= \cos a \cos b + \sin a \sin b,
\end{aligned}$$

En les combinant deux à deux par voie d'addition, puis de soustraction, on obtient successivement :

$$\begin{aligned}
\sin(a+b) + \sin(a-b) &= 2 \sin a \cos b\\
\sin(a+b) - \sin(a-b) &= 2 \cos a \sin b\\
\cos(a+b) + \cos(a-b) &= 2 \cos a \cos b\\
\cos(a-b) - \cos(a+b) &= 2 \sin a \sin b.
\end{aligned}$$

Posons $a+b=p$, $a-b=q$, il viendra $a=\frac{p+q}{2}$, $b=\frac{p-q}{2}$ et les formules ci-dessus pourront s'écrire :

$$(1) \qquad \sin p + \sin q = 2 \sin\left(\frac{p+q}{2}\right) \cos\left(\frac{p-q}{2}\right)$$

$$(2) \qquad \sin p - \sin q = 2 \cos\left(\frac{p+q}{2}\right) \sin\left(\frac{p-q}{2}\right)$$

$$(3) \qquad \cos p + \cos q = 2 \cos\left(\frac{p+q}{2}\right) \cos\left(\frac{p-q}{2}\right)$$

$$(4) \qquad \cos q - \cos p = 2 \sin\left(\frac{p+q}{2}\right) \sin\left(\frac{p-q}{2}\right).$$

Ces dernières formules, très-importantes, se traduisent comme il suit en langage ordinaire.

La somme des sinus de deux arcs est égale à deux fois le produit du sinus de la demi-somme de ces arcs par le cosinus de leur demi-différence.

La différence des sinus de deux arcs est égale à deux fois le produit du cosinus de la demi-somme de ces arcs par le sinus de leur demi-différence.

La somme des cosinus de deux arcs est égale à deux fois le produit du cosinus de la demi-somme de ces arcs par le cosinus de leur demi-différence.

La différence des cosinus de deux arcs est égale à deux fois le produit du sinus de la demi-somme de ces arcs par le sinus de leur demi-différence.

Soit maintenant à transformer la somme de deux tangentes. On a :

$$\text{tg}\, a + \text{tg}\, b = \frac{\sin a}{\cos a} + \frac{\sin b}{\cos b} = \frac{\sin a \cos b + \cos a \sin b}{\cos a \cos b}$$

Donc :

$$(5) \qquad \text{tg}\, a + \text{tg}\, b = \frac{\sin (a+b)}{\cos a \cos b}$$

On trouverait de même :

$$(6) \qquad \text{tg}\, a - \text{tg}\, b = \frac{\sin (a-b)}{\cos a \cos b}$$

En suivant la même marche, on a :

$$\text{cotg}\, a + \text{cotg}\, b = \frac{\sin (b+a)}{\sin a \sin b}$$

$$\text{cotg}\, a - \text{cotg}\, b = \frac{\sin (b-a)}{\sin a \sin b}.$$

REMARQUE I. — Les formules (1) et (2) peuvent servir à transformer en un produit la somme ou la différence d'un sinus et d'un cosinus. On a en effet

$$\sin a \pm \cos b = \sin a \pm \sin (90^\circ - b).$$

Les formules (3) et (4) pourraient être également employées, car

$$\sin a + \cos b = \cos (90^\circ - a) \pm \cos b.$$

REMARQUE II.—Si l'on divise membre à membre les relations (1) et (2), on obtient, simplifications faites :

$$\frac{\sin p + \sin q}{\sin p - \sin q} = \frac{\operatorname{tg}\left(\frac{p+q}{2}\right)}{\operatorname{tg}\left(\frac{p-q}{2}\right)}$$

C'est-à-dire que *la somme des sinus des deux arcs est à la différence de ces mêmes sinus comme la tangente de la demi-somme des arcs est à la tangente de leur demi-différence.*

30. Nous nous proposerons, comme application des formules qui viennent d'être établies, de transformer les expressions suivantes :

1° $1 + \sin a$.

$\sin 90^\circ = 1$, donc $1 + \sin a = \sin 90^\circ + \sin a$ et d'après la formule (1) :

$$1 + \sin a = 2 \sin\left(45^\circ + \frac{a}{2}\right) \cos\left(45^\circ - \frac{a}{2}\right).$$

mais $\cos\left(45^\circ - \frac{a}{2}\right) = \sin\left(45^\circ + \frac{a}{2}\right)$, car $45^\circ - \frac{a}{2}$ et $45^\circ + \frac{a}{2}$ sont complémentaires, donc enfin :

$$1 + \sin a = 2 \sin^2\left(45^\circ + \frac{a}{2}\right).$$

2° $1 - \sin a$.

$1 - \sin a = \sin 90^\circ - \sin a$; on a par suite en appliquant la formule (2)

$$1 - \sin a = 2 \cos^2\left(45^\circ + \frac{a}{2}\right).$$

3° $1 + \cos a$.

$1 + \cos a = \cos 0 + \cos a$, donc d'après la formule (3),

$$1 + \cos a = 2 \cos^2 \frac{a}{2}.$$

4° $1 - \cos a$.

$1 - \cos a = \cos 0 - \cos a$, donc en vertu de la formule (4),

$$1 - \cos a = 2 \sin^2 \frac{a}{2}.$$

5° $1 + \operatorname{tg} a$.

$\operatorname{tg} 45° = 1$, donc $1 + \operatorname{tg} a = \operatorname{tg} 45° + \operatorname{tg} a$ et d'après la formule (5),

$$1 + \operatorname{tg} a = \frac{\sin (45° + a)}{\cos 45° \cos a}.$$

6° $1 - \operatorname{tg} a$.

$1 - \operatorname{tg} a = \operatorname{tg} 45° - \operatorname{tg} a$, donc d'après la formule (6),

$$1 - \operatorname{tg} a = \frac{\sin (45° - a)}{\cos 45° \cos a}.$$

7° $\frac{1 + \operatorname{tg} a}{1 - \operatorname{tg} a}$.

Divisant membre à membre les valeurs trouvées pour $1 + \operatorname{tg} a$ et $1 - \operatorname{tg} a$, on trouve en remplaçant $\sin (45° - a)$ par $\cos (45° + a)$,

$$\frac{1 + \operatorname{tg} a}{1 - \operatorname{tg} a} = \operatorname{tg} (45° + a).$$

8° $\frac{1 - \operatorname{tg} a}{1 + \operatorname{tg} a}$.

On trouve en opérant comme ci-dessus :

$$\frac{1 - \operatorname{tg} a}{1 + \operatorname{tg} a} = \operatorname{tg} (45° - a).$$

ÉVALUATION DES LIGNES TRIGONOMÉTRIQUES DE CERTAINS ARCS.

31. Si l'on se reporte à la définition du sinus d'un arc (3), il est aisé de reconnaître que, pour un arc compris entre 0 et π, cette ligne est égale à la moitié de la corde qui soustend un arc double. Cette remarque permet de calculer les lignes trigonométriques de certains arcs.

En effet, on a vu en géométrie que, dans un cercle de rayon R,

$$\text{le côté du carré inscrit} = R\sqrt{2},$$
$$\text{le côté de l'hexagone régulier} = R,$$
$$\text{le côté du triangle équilatéral} = R\sqrt{3},$$
$$\text{le côté du décagone régulier} = \frac{R}{2}(\sqrt{5}-1).$$

Or le rayon du cercle trigonométrique est égal à 1, et les arcs soustendus respectivement par chacun des côtés des polygones ci-dessus valent 90°, 60°, 120°, 36°, On a donc :

$$\sin 45^\circ = \frac{\sqrt{2}}{2},$$
$$\sin 30^\circ = \frac{1}{2}.$$
$$\sin 60^\circ = \frac{\sqrt{3}}{2},$$
$$\sin 18^\circ = \frac{1}{4}(\sqrt{5}-1).$$

On déduit de ces valeurs :

$$\cos 45^\circ = \frac{\sqrt{2}}{2},$$
$$\cos 30^\circ = \frac{\sqrt{3}}{2},$$
$$\cos 60^\circ = \frac{1}{2},$$
$$\cos 18^\circ = \frac{1}{4}\sqrt{10+2\sqrt{5}}.$$

Des résultats qui précèdent, on peut, en se servant des relations établies dans ce chapitre, déduire les valeurs des sinus et cosinus d'autres arcs. Nous nous proposerons comme exemple de calculer les sinus et cosinus des arcs se succédant de 9° en 9° de 0 à 45°.

Nous connaissons déjà sin et cos 18° et aussi sin et cos 72°, car 18° et 72° étant complémentaires, on a $\sin 72° = \cos 18°$ et $\cos 72° = \sin 18°$. Nous calculerons sin 9° et cos 9°, sin 36° et cos 36° à l'aide des relations qui donnent sin et cos $\frac{1}{2}a$ en fonction soit de $\cos a$, soit de $\sin a$ (26 et 27). En remarquant que $\sin 54° = \cos 36°$ et $\cos 54° = \sin 36°$, les mêmes relations nous permettront de calculer sin et cos 27°.

Les valeurs ainsi trouvées sont les suivantes :

$$\left\{\begin{aligned} \sin 9° &= \frac{1}{4}\left(\sqrt{3+\sqrt{5}} - \sqrt{5-\sqrt{5}}\right) \\ \cos 9° &= \frac{1}{4}\left(\sqrt{3+\sqrt{5}} + \sqrt{5-\sqrt{5}}\right) \end{aligned}\right.$$

$$\left\{\begin{aligned} \sin 18° &= \frac{1}{4}\left(\sqrt{5} - 1\right) \\ \cos 18° &= \frac{1}{4}\left(\sqrt{10+2\sqrt{5}}\right) \end{aligned}\right.$$

$$\left\{\begin{aligned} \sin 27° &= \frac{1}{4}\left(\sqrt{5+\sqrt{5}} - \sqrt{3-\sqrt{5}}\right) \\ \cos 27° &= \frac{1}{4}\left(\sqrt{5+\sqrt{5}} + \sqrt{3-\sqrt{5}}\right) \end{aligned}\right.$$

$$\left\{\begin{aligned} \sin 36° &= \frac{1}{4}\sqrt{10-2\sqrt{5}} \\ \cos 36° &= \frac{1}{4}\left(\sqrt{5} + 1\right) \end{aligned}\right.$$

$$\left\{\begin{aligned} \sin 45° &= \frac{\sqrt{2}}{2} \\ \cos 45° &= \frac{\sqrt{2}}{2} \end{aligned}\right.$$

A l'aide des relations fondamentales (17) on peut calculer les autres lignes trigonométriques de tous ces arcs et en général de ceux dont le sinus ou le cosinus sont connus directement.

Remarque. — Dans ce qui précède nous avons évalué les arcs en les rapportant à la circonférence : c'est ce que nous ferons désormais comme étant plus commode dans les applications de la théorie des lignes trigonométriques.

CHAPITRE II

TABLES TRIGONOMÉTRIQUES.

CONSTRUCTION DES TABLES TRIGONOMÉTRIQUES.

32. Pour faire usage des lignes trigonométriques, il est nécessaire d'avoir à sa disposition une table donnant les valeurs de ces lignes pour des arcs se succédant à des intervalles assez rapprochés. Nous allons indiquer comment une pareille table peut être construite par des procédés élémentaires pour les arcs se succédant de 10″ en 10″. Il suffira d'ailleurs de s'arrêter à l'arc de 90°, car on sait qu'un arc quelconque peut toujours être ramené au premier quadrant.

33. Théorème I. — *Tout arc compris entre* 0 *et* 90° *est plus grand que son sinus et plus petit que sa tangente.*

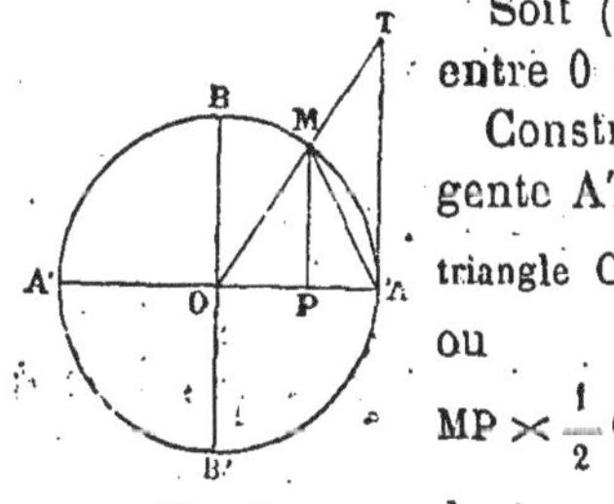

Fig. 19.

Soit (fig. 19) AM $= a$ un arc compris entre 0 et 90°.

Construisons son sinus MP et sa tangente AT, puis joignons MA. Nous avons

triangle OMA < secteur OMA < triangle OAT

ou

$$\text{MP} \times \frac{1}{2}\text{OA} < \text{arc MA} \times \frac{1}{2}\text{OA} < \text{AT} \times \frac{1}{2}\text{OA}.$$

donc :

$$\sin a < a < \operatorname{tg} a$$

Ce qu'il fallait démontrer.

COROLLAIRE. — Si l'on divise par sin a les termes de la série d'inégalités qui précède, il viendra

$$1 < \frac{a}{\sin a} < \frac{1}{\cos a}.$$

Or lorsque l'arc a décroît jusqu'à zéro, le rapport $\frac{1}{\cos a}$ décroît lui-même jusqu'à 1, donc le rapport $\frac{a}{\sin a}$ a pour limite l'unité lorsque l'arc a s'approche indéfiniment de zéro.

34. Théorème II. — *La différence entre un arc compris entre* 0 *et* 90°, *et son sinus, est moindre que le quart du cube de l'arc.*

Soit a un arc compris entre 0 et 90°. Sa moitié étant évidemment comprise entre les mêmes limites, on a d'après le Théorème I :

$$\frac{a}{2} < \operatorname{tg} \frac{a}{2} \quad \text{ou} \quad \frac{a}{2} < \frac{\sin \frac{a}{2}}{\cos \frac{a}{2}}.$$

Chassant les dénominateurs et multipliant les deux membres par $\cos \frac{a}{2}$, on a :

$$a \cos^2 \frac{a}{2} < 2 \sin \frac{a}{2} \cos \frac{a}{2}.$$

Or $\cos^2 \frac{a}{2} = 1 - \sin^2 \frac{a}{2}$, et $2 \sin \frac{a}{2} \cos \frac{a}{2} = \sin a$, donc :

$$a\left(1 - \sin^2 \frac{a}{2}\right) < \sin a$$

d'où

$$a - \sin a < a \sin^2 \frac{a}{2}.$$

Mais on a $\sin \frac{a}{2} < \frac{a}{2}$ et par suite $\sin^2 \frac{a}{2} < \frac{a^2}{4}$, donc *à fortiori* :

$$a - \sin a < \frac{a^3}{4}$$

Ce qu'il fallait démontrer.

REMARQUE. — Ce Théorème et le précédent montrent que $\sin a$ est compris entre deux limites a et $a - \frac{a^3}{4}$; on a en effet

$$a > \sin a > a - \frac{a^3}{4}.$$

COROLLAIRE. — On peut de ce qui précède déduire deux limites entre lesquelles est compris $\cos a$.

En effet si dans la relation $\cos 2a = \cos^2 a - \sin^2 a$, on remplace a par $\frac{1}{2} a$, il vient:

$$\cos a = \cos^2 \frac{a}{2} - \sin^2 \frac{a}{2}$$

ou

$$\cos a = 1 - 2 \sin^2 \frac{a}{2}$$

Mais $\sin \frac{a}{2}$ est compris entre $\frac{a}{2}$ et $\frac{a}{2}$ diminué du quart de son cube, c'est-à-dire de $\frac{a^3}{32}$; si donc on remplace dans la valeur de $\cos a$, $\sin \frac{a}{2}$ par la quantité plus grande $\frac{a}{2}$, il viendra:

$$\cos a > 1 - \frac{2a^2}{4}$$

ou

$$\cos a > 1 - \frac{a^2}{2}$$

D'un autre côté si dans la même valeur de $\cos a$ on remplace $\sin \frac{a}{2}$ par la quantité plus petite $\frac{a}{2} - \frac{a^3}{32}$, il viendra

$$\cos a < 1 - 2\left(\frac{a}{2} - \frac{a^3}{32}\right)^2$$

ou

$$\cos a < 1 - \frac{a^2}{2} + \frac{a^4}{16} - \frac{2a^6}{32^2}$$

et *à fortiori* :

$$\cos a < 1 - \frac{a^2}{2} + \frac{a^4}{16}$$

$\cos a$ est donc compris entre $1 - \frac{a^2}{2}$ et $1 - \frac{a^2}{2} + \frac{a^4}{16}$ et l'on peut écrire :

$$1 - \frac{a^2}{2} + \frac{a^4}{16} > \cos a > 1 - \frac{a^2}{2}$$

35. Calcul de sin. 10″ et de cos 10″. — L'arc de 180° est égal à π ; il renferme 648000″, on a donc

$$\text{arc } 10'' = \frac{\pi}{64800} = 0{,}000048481368110\ldots.$$

Cette valeur supérieure à celle de sin 10″, en diffère d'une quantité ε moindre que $\frac{(\text{arc } 10'')^3}{4}$ et *à fortiori* moindre que $\frac{(0{,}00005)^3}{4}$. On a ainsi :

$$\varepsilon < \frac{(0{,}00005)^3}{4} < 0{,}000000000000032$$

et l'on voit qu'en prenant pour sin 10″ la valeur 0,0000484813681, on commet une erreur moindre qu'une demi-unité du treizième ordre décimal.

Si maintenant on prend $\cos 10'' = 1 - \frac{(\text{arc } 10'')^2}{2}$, on aura en effectuant :

$$\cos 10'' = 0{,}9999999988248\ldots..$$

et cette valeur sera affectée d'une erreur moindre que $\frac{(\text{arc } 10'')^4}{16}$ et *à fortiori* moindre que $\frac{(0{,}00005)^4}{16}$. On trouve en effectuant, que cette erreur est moindre qu'une demi-unité du dix-huitième ordre décimal.

36. Calcul des sinus et cosinus des arcs se succédant de 10″ en 10″ depuis 0 jusqu'à 45°. — Ce calcul s'opère à l'aide de formules dites de *Simpson*, dont voici l'établissement.

On a trouvé dans le chapitre précédent les relations

$$\sin(a+b) = \sin a \cos b + \cos a \sin b,$$
$$\sin(a-b) = \sin a \cos b - \cos a \sin b,$$
$$\cos(a+b) = \cos a \cos b - \sin a \sin b,$$
$$\cos(a-b) = \cos a \cos b + \sin a \sin b.$$

On en déduit :

$$\sin(a+b) = 2 \sin a \cos b - \sin(a-b),$$
$$\cos(a+b) = 2 \cos a \cos b - \cos(a-b).$$

Posant $a = mb$, il vient :

$$\sin(m+1)b = 2 \sin mb \cos b - \sin(m-1)b,$$
$$\cos(m+1)b = 2 \cos mb \cos b - \cos(m-1)b,$$

et si dans ces dernières formules on donne à b la valeur $10''$ et à m les valeurs successives 1, 2, 3, ... elles fourniront successivement sin et cos $20''$, sin et cos $30''$, sin et cos $40''$ . . . . . et ainsi de suite jusqu'à 45°.

Les calculs peuvent être abrégés en procédant comme il suit.

On pose $2 \cos 10'' = 2 - K$; (K représentant l'excès de 2 unités sur la quantité $2 \cos 10''$ que l'on connaît, vaut 0,0000000023504) les formules peuvent alors s'écrire :

$$\sin(m+1)\,10'' - \sin m.\,10''$$
$$= \sin m.\,10'' - \sin(m-1)\,10'' - K \sin m.\,10''.$$
$$\cos(m+1)\,10'' - \cos m.\,10''$$
$$= \cos m.\,10'' - \cos(m-1)\,10'' - K \cos m.\,10''.$$

Sous cette forme, elles permettent de calculer les différences $\sin(m+1)\,10'' - \sin m.\,10''$ et $\cos(m+1)\,10'' - \cos m.\,10''$ au moyen des différences précédentes déjà calculées. Ajoutant ensuite aux résultats trouvés, respectivement les valeurs connues de $\sin m.\,10''$ et de $\cos m.\,10''$, on a $\sin(m+1)\,10''$ et $\cos(m+1)\,10''$. Chaque différence se déduit de la précédente en retranchant soit $K \sin m.\,10''$, soit $K \cos m.\,10''$ suivant qu'il s'agit des sinus ou des cosinus. Ce dernier calcul peut être facilité si l'on a pris soin de préparer d'avance les produits de la quantité connue K par les 9 premiers nombres.

Lorsque l'on a obtenu les sinus et les cosinus des arcs se succédant de $10''$ en $10''$ de 0 à 45°, les valeurs trouvées sont aussi celles des cosinus et sinus des arcs de 45° à 90°. On a en effet par définition : $\cos(45^\circ + \alpha) = \sin(45^\circ - \alpha)$, et $\sin(45^\circ + \alpha) = \cos(45^\circ - \alpha)$.

REMARQUE I. — Les sinus et cosinus dont il s'agit ayant été calculés jusqu'à 30°, on peut se servir des valeurs trouvées pour obtenir celles des mêmes lignes de 30° à 45°. En effet, dans les relations

$$\sin(a + b) = 2 \sin a \cos b - \sin(a - b).$$
$$\cos(a + b) = \cos(a - b) - 2 \sin a . \sin b.$$

posons $a = 30^\circ$, il viendra puisque $\sin 30^\circ = \frac{1}{2}$,

$$\sin(30^\circ + b) = \cos b - \sin(30^\circ - b).$$
$$\cos(30^\circ + b) = \cos(30^\circ - b) - \sin b,$$

et il suffira de donner à b des valeurs se succédant par intervalles de 10″ de 0 à 15°, pour que ces formules fournissent les sinus et cosinus des arcs se succédant de 10″ en 10″, de 30° à 45°.

REMARQUE II. — Le point de départ des calculs qui viennent d'être indiqués est l'évaluation de sin et cos 10″. Or les valeurs de ces deux quantités sont approchées ; les erreurs que l'on commet doivent donc augmenter au fur et à mesure que l'on avance dans le calcul. Pour éviter que ces erreurs ne dépassent une certaine limite, on calcule directement ainsi qu'il a été indiqué (31) les sinus et cosinus d'un certain nombre d'arcs, ceux de 9° en 9° par exemple. On peut de cette façon vérifier les résultats obtenus en faisant les calculs successifs, et au besoin prendre les valeurs déterminées directement avec une approximation suffisante, comme points de départ d'une nouvelle série de calculs que l'on effectue avec les formules de Simpson. On évite ainsi des accumulations d'erreurs trop considérables.

37. Lorsque l'on connaît les sinus et cosinus des arcs se succédant de 10″ en 10″, de 0 à 90°, on en déduit aisément à l'aide des relations fondamentales (17) les autres lignes trigonométriques de ces arcs. Comme dans les applications, on opère ordinairement au moyen des logarithmes, on a inscrit dans les tables, non pas les lignes trigonométriques elles-mêmes, mais bien leurs logarithmes. On ne s'est occupé que des quatre lignes : sinus, cosinus, tangente et cotangente qui sont les seules employées dans les calculs numériques. D'ailleurs comme séc $a = \frac{1}{\cos a}$ et coséc $a = \frac{1}{\sin a}$ on obtiendrait au besoin les logarithmes des sécantes et des cosécantes en prenant en signe contraire les logarithmes des cosinus et des sinus,

DISPOSITION ET USAGE DES TABLES.

38. Disposition des tables de Callet. — Les sinus et les cosinus des arcs de 0 à 90°, les tangentes des arcs de 0 à 45° et les cotangentes des arcs de 45° à 90° sont des quantités inférieures à l'unité, et ont par conséquent des logarithmes à caractéristiques négatives. On a voulu éviter dans les tables de Callet l'introduction de ces caractéristiques et dans ce but, on a augmenté de 10 unités les logarithmes des lignes inférieures à l'unité. Il faut donc, lorsqu'on fait usage de ces tables, avoir soin de retrancher 10 aux logarithmes que l'on y rencontre. Sont bien entendu exceptés de cette correction les logarithmes des tangentes des arcs supérieurs à 45° et ceux des cotangentes des arcs inférieurs à 45°. — Si l'on emploie l'édition publiée par M. Dupuis, aucune correction n'est à faire : les logarithmes y sont inscrits tels qu'on doit les prendre.

La première partie de la table comprend les log des sinus et des tangentes des arcs se succédant de seconde en seconde pour les cinq premiers degrés ; elle donne en même temps les log des cosinus et des cotangentes des arcs de 85° à 90° lesquels sont les compléments des premiers arcs. Les degrés sont marqués en haut et en bas de chaque page ; les minutes sont indiquées dans la première et la dernière ligne horizontale, et les secondes dans la première et la dernière ligne verticale de la même page. La ligne à gauche se rapporte aux nombres de degrés et minutes inscrits en haut ; la ligne à droite aux nombres de degrés et minutes indiqués en bas.

La seconde partie de la table renferme les log des sinus, cosinus, tangente et cotangente des arcs se succédant de 10″ en 10″ de 0 à 90°. Les degrés sont encore inscrits en haut et en bas de chaque page. Les minutes et les secondes occupent deux colonnes verticales à gauche et deux à droite. Les deux premières se rapportent aux nombres de degrés écrits en haut; les deux autres, à ceux écrits en bas. Les colonnes intitulées sinus, cosinus, tangente, cotangente renferment avec 7 décimales les log des sinus, cosinus, tangentes et cotangentes des arcs dont la graduation est indiquée en haut et dans les deux premières lignes verticales de gauche. Les logarithmes contenus dans ces colonnes sont en même temps ceux des cosinus, sinus, cotangentes, tangentes des arcs dont la graduation est indiquée en bas et dans les deux lignes verticales de droite. Ces arcs en effet sont les compléments de ceux dont la lecture se fait en haut et à gauche. Aussi les colonnes en question sont-elles intitulées en bas : cosinus, sinus, cotangente, tangente. La table contient ainsi les lignes des arcs de 0 à 90°. La lecture se fait : pour les arcs de 0 à 45° en allant dans le sens de la pagination de la table, en haut et à gauche; pour les arcs de 45° à 90°, en revenant sur ses pas, en bas et à droite.

Près des colonnes renfermant les logarithmes on en trouve d'autres intitulées *différences*. Chacune de ces dernières contient les différences qui existent entre deux logarithmes consécutifs inscrits dans la colonne dont elle est séparée par un simple trait. Entre les colonnes intitulées tg. et cotg. on trouve une seule colonne de différences. C'est qu'en effet les différences des logarithmes sont communes pour la tangente et la cotangente : il est facile de l'expliquer.

On a

$$\operatorname{tg} a = \frac{1}{\operatorname{cotg} a} \qquad \text{et} \qquad \operatorname{tg} b = \frac{1}{\operatorname{cotg} b}\cdot$$

donc

$$\frac{\operatorname{tg} a}{\operatorname{tg} b} = \frac{\operatorname{cotg} b}{\operatorname{cotg} a}$$

d'où

$$\log \operatorname{tg} a - \log \operatorname{tg} b = \log \operatorname{cotg} b - \log \operatorname{cotg} a.$$

Il est bon de remarquer ici que la différence des logarithmes des tangentes de deux arcs est égale à la somme des différences des log sinus et des log cosinus des mêmes arcs. On a en effet :

$$\operatorname{tg} a = \frac{\sin a}{\cos a}, \qquad \operatorname{tg} b = \frac{\sin b}{\cos b}$$

d'où

$$\frac{\operatorname{tg} a}{\operatorname{tg} b} = \frac{\sin a \cos b}{\cos a \sin b}$$

et

$$\log \operatorname{tg} a - \log \operatorname{tg} b = \log \sin a - \log \sin b + \log \cos b - \log \cos a.$$

Tous les nombres inscrits dans les colonnes des différences expriment des unités du septième ordre décimal.

39. Usage des tables. — Les deux problèmes que l'on peut avoir à résoudre avec les Tables sont les suivants : 1° on donne la graduation d'un arc et l'on demande de trouver le logarithme d'une de ses lignes trigonométriques ; 2° on donne le logarithme d'une des lignes trigonométriques d'un arc et l'on demande de trouver la graduation de cet arc.

Problème I. — *Étant donné un arc, trouver le logarithme d'une de ses lignes trigonométriques.*

Exemple I. — Trouver le log sin 28° 25′ 40″.

Le nombre 28° étant inscrit *en haut* d'une page, on descend le long de la colonne des minutes *à gauche* jusqu'à ce qu'on y rencontre 25, on entre ensuite dans la colonne des secondes que l'on suit jusqu'au nombre 40. Vis-à-vis de ce nombre, et dans la colonne intitulée sinus, *en haut*, on trouve $\bar{1},6776531$ (*). on a ainsi :

$$\log \sin 28^\circ\, 25'\, 40'' = \bar{1},6776531.$$

Exemple II. — Trouver le log sin 32° 18′ 37″,23. (Les fractions de seconde doivent toujours être exprimées en décimales).

On commencera par chercher comme dans l'exemple précédent le log sin 32° 18′ 30″ que l'on trouve égal à $\bar{1},7279276$. Pour tenir compte ensuite des 7″,23 qu'on a laissés de côté, on s'appuie sur un principe qui n'est pas rigoureusement exact, mais dont l'application permet pourtant une approximation suffisante.

Ce principe est le suivant : Les accroissements des loga-

(*) Nous supposons que l'on opère avec une table de Dupuis, ou bien que l'on fasse à vue la correction dans les tables où elle est nécessaire.

rithmes des lignes trigonométriques sont proportionnels aux accroissements des arcs correspondants, lorsque ces derniers accroissements sont peu considérables.

Ayant donc constaté à l'aide de la colonne diff. que la différence entre le log sin 32° 18′ 30″ et le log sin 32° 18′ 40″ est 333, on dira : Si l'on augmentait l'arc 32° 18′ 30″ de 10″ il faudrait augmenter son log de 333 unités du 7ᵉ ordre décimal, de combien faudra-t-il augmenter ce log si l'on ajoute 7″,23 seulement à l'arc. Nommant x le nombre à ajouter, on posera donc :

$$\frac{x}{333} = \frac{7,23}{10}$$

d'où

$$x = \frac{333 \times 7,23}{10}.$$

Effectuant, on trouve 240, 759. On supprime les décimales du produit, on force le chiffre des unités parce que celui des dixièmes surpasse 5, et l'on ajoute 241 au log sin 32° 18′ 30″. On a ainsi :

$$\begin{array}{rr} \text{Log sin } 32^\circ\ 18'\ 30'' = & \bar{1},7279276 \\ \text{Pour } 7'',23 & 241 \\ \hline \text{Log sin } 32^\circ\ 18'\ 37'',23 = & \bar{1},7279517. \end{array}$$

La recherche d'un log tangente se fait absolument de la même façon.

Exemple III. — Trouver le log cos 75° 5′ 17″,3.

Comme les cosinus vont en diminuant lorsque l'arc croît de 0 à 90°, au lieu de prendre d'abord log cos 75° 5′ 10″ qui serait trop fort et que l'on serait obligé ensuite de diminuer, on prend log cos 75° 5′ 20″ qui vaut $\bar{1}$,4104739. La différence entre ce log et le log cos 75° 5′ 10″ est 790 et l'on dit : Si l'arc 75° 5′ 20″ avait 10″ de moins, on devrait ajouter à son log 790 unités du 7ᵉ ordre décimal ; combien faudra-t-il lui en ajouter, la différence étant seulement 2″,7 (20″ — 17″,3). Nommant x cette quantité, on a comme plus haut :

$$\frac{x}{790} = \frac{2,7}{10}$$

d'où

$$x = \frac{790 \times 2,7}{10} = 213,3.$$

On a donc

Log cos 75° 5′ 20″ =	$\overline{1}$, 4104739
Pour 2″, 7 en trop	213
Log cos 75° 5′ 17″,3 =	$\overline{1}$, 4104952

On opère absolument de la même façon lorsqu'il s'agit de trouver le log d'une cotangente.

En résumé, pour trouver le log sinus ou tangente d'un arc donné qui n'est pas inscrit dans la table, on prend d'abord dans celle-ci le log sinus ou tangente de l'arc qui s'approche le plus *par défaut* de l'arc donné. Puis on multiplie les secondes et fractions de secondes que l'on a laissées de côté, par la différence tabulaire, on divise le produit par 10 et l'on ajoute au log trouvé déjà la partie entière du produit, laquelle exprime des unités du 7e ordre décimal.

Pour trouver un log cosinus ou cotangente, on prend dans la table le log cos ou cotg de l'arc qui s'approche le plus *par excès* de l'arc donné et l'on ajoute comme ci-dessus à ce logarithme le produit de la différence tabulaire par les secondes et fractions de secondes que l'on a pris en trop, ce produit ayant été au préalable divisé par 10.

Dans les tables publiées par M. Dupuis, les produits des différences tabulaires par les 9 premiers nombres ont été faits à l'avance et inscrits dans des petits tableaux placés en marge. Cette disposition, très-avantageuse, rend plus rapide la recherche des logarithmes. Nous indiquerons en prenant les deux exemples choisis ci-dessus, la disposition à donner aux opérations lorsqu'on se sert de ces tables.

Recherche du log sin 32° 18′ 37″,23.

Log sin 32° 18′ 30″ =	$\overline{1}$,7279276
Pour 7″	233,1
Pour 0″,2	6,66
Pour 0″,03	0,999
Log sin 32° 18′ 37″,23 =	$\overline{1}$,7279517

Recherche du log cos 75° 5′ 17″ 3

Log cos 75° 5′ 20″	$= \bar{1},4104739$
Pour 2″ en trop	158
Pour 0″,7 d°	55,3
Log cos 75° 5′ 17″,3	$= \bar{1},4104952$

Problème II. — *Étant donné le logarithme d'une ligne trigonométrique, trouver la graduation de l'arc auquel elle appartient.*

Exemple I. — Soit à chercher l'arc x sachant que

$$\log \sin x = \bar{1},4649010$$

on cherchera ce nombre dans l'une des colonnes intitulées sinus. L'ayant trouvé dans la colonne portant le mot sinus en haut, on lit la graduation en haut et à gauche. On trouve ainsi que l'arc $x = 16° \; 57' \; 30''$.

Exemple II. — Trouver l'arc x sachant que :

$$\log \sin x = \bar{1},4637025$$

On cherche dans l'une des colonnes intitulées sinus le log qui s'approche le plus par *défaut* du log donné. Ce nombre est $\bar{1},4636562$ et il correspond à l'arc de 16° 54′ 30″. La différence entre ce log et celui de l'arc suivant 16° 54′ 40″ est 692 et sa différence avec le log donné est 463. On dira donc :

Si le log donné surpassait le log auquel on s'est arrêté, de 692 unités du 7° ordre décimal, il faudrait ajouter 10″ à l'arc 16° 54′ 30″ ; il le surpasse seulement de 463, combien faudra-t-il ajouter à l'arc ? Appliquant le principe énoncé d'autre part et nommant y la quantité cherchée, on a :

$$\frac{y}{10} = \frac{463}{692}$$

d'où

$$y = \frac{463 \times 10}{692} = 6'',69$$

L'arc x cherché vaut donc 16° 54′ 36″,69.

La recherche de l'arc correspondant à un log tangente donné se ferait exactement de la même manière.

Lorsqu'on a à chercher un arc connaissant son log cosinus ou cotangente, la marche à suivre est encore la même, à cette différence près, qu'au lieu de prendre dans la table le log qui s'approche le plus par défaut du log proposé, on prendra le log qui s'en approche le plus *par excès*.

EXEMPLE. — Trouver l'arc x, sachant que

$$\log \cos x = \bar{1},7826612.$$

Le log qui s'approche le plus par excès est $\bar{1},7826853$ et correspond à un arc de 52°40′40″. La différence entre ce log et le log donné est 241, et la différence tabulaire est 276. On a donc

$$\frac{y}{10} = \frac{241}{276},$$

d'où

$$y = \frac{241 \times 10}{276} = 8'',73.$$

L'arc x vaut donc 52° 40′ 48″,73.

En résumé, pour trouver l'arc correspondant à une ligne trigonométrique donnée, on s'arrête dans la table au log qui s'approche le plus du log donné, *par défaut* s'il s'agit d'un sinus ou d'une tangente ; *par excès* s'il s'agit d'un cosinus ou d'une cotangente. On prend l'arc correspondant à ce log ainsi que la différence qui existe entre lui et le log donné. On multiplie cette différence par 10 et l'on divise le produit par la différence tabulaire. La partie entière du quotient indique le nombre de secondes que l'on doit ajouter à l'arc que l'on a pris, et la partie décimale la fraction de seconde qui complète l'évaluation de l'arc.

Voici la disposition que l'on donne au calcul lorsqu'on emploie les tables de Dupuis, avec lesquelles on n'a pas besoin de faire la division indiquée ci-dessus, vu les petites tables placées en marge.

Log sin $x = \bar{1},4637025$, trouver x.

Log sin $x = \bar{1},4637025$		
Pour	6562	16° 54′ 30″
	463	
Pour	415,2	6″
	478	
Pour	415,2	0″,6
	628	
Pour	622,8	0″,09
		x = 16° 54′ 36″,69.

Log cos $x = \bar{1},7826612$, trouver x.

	Log cos $x = \bar{1},7826612$	
Pour	6853	52° 40′ 40″
	241	
Pour	220,8	8″
	202	
Pour	193,2	0″,7
	88	
Pour	82,8	0″,03
		$x = 52° 40′ 48″,73.$

Remarque générale. — L'erreur due à l'inexactitude de la proportion dont nous avons fait usage dans les problèmes qui précèdent est peu de chose lorsqu'il s'agit de trouver le log du sinus ou de la tangente d'un arc supérieur à 5°, ou le log cosinus ou cotangente d'un arc inférieur à 85°. Mais en dehors de ces limites, elle devient sensible et c'est pour cela que dans la première partie des tables de Callet on a inscrit les log sinus et tangente de seconde en seconde de 0 à 5°, logarithmes qui sont en même temps ceux des cosinus et cotangentes de 85° à 90°.

40. Erreurs commises dans l'usage des tables. — Pour obtenir le logarithme d'une ligne trigonométrique d'un arc qui ne se trouve pas dans les tables, nous avons fait usage de la proportion.

$$\frac{\delta}{\Delta} = \frac{n}{10}.$$

Dans laquelle δ représente le nombre d'unités du 7ᵉ ordre décimal qu'il faut ajouter au logarithme pris dans la table pour avoir le logarithme demandé, Δ la différence tabulaire et n le nombre de secondes et fractions décimales de secondes dont l'arc donné diffère de celui auquel on s'arrête dans la table. Cette proportion de laquelle on tire :

$$\delta = \frac{\Delta n}{10}$$

n'est pas exacte, comme nous l'avons déjà dit : son emploi amène pour δ une erreur qui est toujours moindre qu'une unité du 7ᵉ ordre décimal lorsque l'arc dont on calcule le log sinus ou le log tangente est supérieur à 5°, et aussi lorsque l'arc dont on cherche le log cosinus ou cotangente est inférieur à 85°. — D'autre part, lorsque l'arc n'est pas donné, mais est le résultat d'un calcul, n peut se trouver entaché d'une certaine erreur. En admettant que cette erreur vaille 1″ et en négligeant celle de Δ (cette dernière est moindre qu'une demi-unité du 7e ordre décimal), l'erreur affectant δ et provenant uniquement de l'inexactitude de n vaudra donc $\frac{\Delta}{10}$ et par suite sera d'autant plus grande que la différence tabulaire sera elle-même plus grande.

Lorsqu'il s'agit maintenant de trouver l'arc correspondant à une ligne trigonométrique donnée par son logarithme, on emploie la proportion

$$\frac{n}{10}=\frac{\delta}{\Delta}$$

dans laquelle n représente les secondes et fractions de secondes qu'il faut ajouter à l'arc correspondant au log auquel on s'arrête dans la table, δ la différence entre ce logarithme et le log donné et Δ la différence tabulaire.

Cette proportion donne

$$n=\frac{\delta\times 10}{\Delta}$$

et l'erreur due à son inexactitude peut être ici négligée; mais lorsque le log sur lequel on opère provient d'un calcul préliminaire, δ peut être affecté d'une erreur. En supposant cette erreur égale à une unité du 7e ordre décimal, et ne considérant qu'elle, on voit que l'erreur de n vaudra $\frac{10''}{\Delta}$. Cette erreur sera donc d'autant moindre que la différence tabulaire sera plus grande.

Il en résulte qu'un arc est mieux déterminé par sa tangente que par son sinus ou son cosinus, puisque la différence tabulaire des log tangentes est, comme on l'a vu, égale à la somme des différences tabulaires des log sinus et des log cosinus. — On devra donc, dans les applications, rechercher autant que possible l'emploi des tangentes pour la détermination des arcs.

Lorsqu'il s'agit de petits arcs, ils sont sensiblement aussi bien déterminés par leurs sinus que par leurs tangentes. Il faut rejeter avec soin pour ces arcs l'emploi des cosinus, car les log de ceux-ci diffèrent d'une quantité fort petite lorsque l'arc n'est que d'un petit nombre de degrés.

PROCÉDÉS POUR RENDRE UNE FORMULE CALCULABLE PAR LOGARITHMES.

41. Expressions binômes. — 1° Soit proposé de rendre calculable par logarithmes l'expression

$$x = a + b$$

dans laquelle a et b représentent des nombres positifs.

L'expression peut s'écrire :

$$x = a\left(1 + \frac{b}{a}\right).$$

Imaginons maintenant un arc auxiliaire φ tel que l'on ait :

$$\operatorname{tg} \varphi = \frac{b}{a};$$

cet arc auxiliaire pourra être calculé à l'aide des tables puisqu'on aura $\log \operatorname{tg} \varphi = \log b - \log a$, et l'expression deviendra

$$x = a\,(1 + \operatorname{tg} \varphi).$$

Or nous avons vu (30. 5°) que $1 + \operatorname{tg} \varphi = \frac{\sin (45^\circ + \varphi)}{\cos 45^\circ \cos \varphi}$, donc

$$x = \frac{a \sin (45^\circ + \varphi)}{\cos 45^\circ \cos \varphi}$$

ou enfin en remarquant que $\cos 45^\circ = \frac{\sqrt{2}}{2}$,

$$x = \frac{a\sqrt{2} \sin (45^\circ + \varphi)}{\cos \varphi}$$

expression qui est calculable par logarithmes.

On peut encore employer le procédé suivant :

Ayant écrit l'expression sous la forme

$$x = a\left(1 + \frac{b}{a}\right),$$

on peut poser $\frac{b}{a} = \text{tg}^2 \varphi$, car a et b sont positifs. On a ainsi :

$$x = a(1 + \text{tg}^2 \varphi) = a \text{ séc}^2 \varphi = \frac{a}{\cos^2 \varphi}.$$

2° Soit maintenant à rendre calculable l'expression

$$x = a - b$$

dans laquelle on a a et b positifs et $a > b$. On écrit encore

$$x = a\left(1 - \frac{b}{a}\right)$$

et l'on détermine comme ci-dessus un arc auxiliaire φ tel que $\frac{b}{a} = \text{tg} \varphi$, l'expression devient alors

$$x = a(1 - \text{tg} \varphi)$$

ou remplaçant $1 - \text{tg} \varphi$ par sa valeur $\frac{\sin(45° - \varphi)}{\cos 45° \cos \varphi}$ (30. 6°) ;

$$x = \frac{a \sin(45° - \varphi)}{\cos 45° \cos \varphi}$$

expression calculable par logarithmes.

La fraction $\frac{b}{a}$ étant positive et moindre que 1, on peut encore poser $\frac{b}{a} = \sin^2 \varphi$. Il vient alors :

$$x = a(1 - \sin^2 \varphi) = a \cos^2 \varphi.$$

42. Expressions polynômes. — Soit à rendre calculable l'expression :

$$x = a \pm b \pm c \pm d.....$$

En employant l'un des procédés qui viennent d'être indiqués, on transformera $a \pm b$ en une expression monôme m, puis $m \pm c$ en une expression monôme m' et ainsi de suite.

43. Exercices. — 1° *Rendre calculable par logarithmes l'expression*

$$x = \frac{a - b}{a + b}$$

dans laquelle on suppose a et b positifs et $a > b$.

On peut écrire :

$$x = \frac{a\left(1 - \frac{b}{a}\right)}{a\left(1 + \frac{b}{a}\right)} = \frac{1 - \frac{b}{a}}{1 + \frac{b}{a}}.$$

Posant $\frac{b}{a} = \text{tg}\,\varphi$, il vient :

$$x = \frac{1 - \text{tg}\,\varphi}{1 + \text{tg}\,\varphi}.$$

Et d'après la formule établie (30. 8°),

$$x = \text{tg}\,(45 - \varphi).$$

2° *Rendre calculables par logarithmes les racines de l'équation $ax^2 + bx + c = 0$.*

Ces racines sont données par la formule

$$x = \frac{-b \pm \sqrt{b^2 - 4ac}}{2a}.$$

Supposons-les d'abord réelles et de même signe, c'est-à-dire $b^2 - 4ac > 0$ et $\frac{c}{a} > 0$.

On peut écrire :

$$x = -\frac{b}{2a}\left(1 \mp \sqrt{1 - \frac{4ac}{b^2}}\right).$$

La quantité $\frac{4ac}{b^2}$ est positive et moindre que 1, on peut donc poser $\frac{4ac}{b^2} = \sin^2\varphi$. Il viendra alors

$$x = -\frac{b}{2a}\left(1 \mp \sqrt{1 - \sin^2\varphi}\right),$$

ou

$$x = -\frac{b}{2a}\,(1 \mp \cos\varphi).$$

Séparant les racines et remplaçant $1 - \cos\varphi$ et $1 + \cos\varphi$ par leurs valeurs respectives $2\sin^2\frac{\varphi}{2}$ et $2\cos^2\frac{\varphi}{2}$, on trouve

$$x' = -\frac{b}{a}\sin^2\frac{\varphi}{2}.$$

$$x'' = -\frac{b}{a}\cos^2\frac{\varphi}{2}.$$

Supposons maintenant $\frac{c}{a} < 0$, alors c et a étant de signes contraires, $4ac$ est négatif et nous pourrons écrire en mettant son signe en évidence :

$$x = \frac{-b \pm \sqrt{b^2 + 4ac}}{2a}.$$

ou

$$x = -\frac{b}{2a}\left(1 \mp \sqrt{1 + \frac{4ac}{b^2}}\right).$$

Posant $\frac{4ac}{b^2} = \operatorname{tg}^2\varphi$, il vient :

$$x = -\frac{b}{2a}\left(1 \mp \sqrt{1 + \operatorname{tg}^2\varphi}\right),$$

ou

$$x = -\frac{b}{2a}\left(1 \mp \frac{1}{\cos\varphi}\right) = -\frac{b}{2a}\left(\frac{\cos\varphi \mp 1}{\cos\varphi}\right).$$

Or $\cos\varphi - 1 = -2\sin^2\frac{\varphi}{2}$ et $\cos\varphi + 1 = 2\cos^2\frac{\varphi}{2}$, donc séparant les racines :

$$x' = \frac{b\sin^2\frac{\varphi}{2}}{a\cos\varphi},$$

$$x'' = -\frac{b\cos^2\frac{\varphi}{2}}{a\cos\varphi}.$$

On peut vérifier dans l'un et l'autre cas que la somme des racines vaut $-\frac{b}{a}$ et que leur produit est égal à $\frac{c}{a}$.

CHAPITRE III

RÉSOLUTION DES TRIANGLES.

---

44. Nous nous occuperons maintenant de la résolution des triangles rectilignes, c'est-à-dire du calcul de leurs éléments à l'aide de données suffisantes. Ce calcul est basé sur certaines relations existant entre les angles et les côtés d'un triangle : nous commencerons donc par établir ces relations.

Nous nommerons lignes trigonométriques d'un angle, celles de l'arc décrit de son sommet comme centre avec l'unité pour rayon et compris entre ses côtés. On sait qu'un tel arc sert de mesure à l'angle et que le nombre de degrés, minutes et secondes qu'il renferme désigne également l'angle auquel il correspond.

Dans ce qui va suivre, nous représenterons les angles d'un triangle par les lettres A, B, C et les côtés opposés par les lettres correspondantes a, b, c. Dans les triangles rectangles, l'angle droit sera toujours désigné par A et par suite l'hypoténuse par a.

RELATIONS ENTRE LES COTÉS ET LES ANGLES D'UN TRIANGLE.

TRIANGLES RECTANGLES.

45. Théorème. — *Dans tout triangle rectangle, chaque côté de l'angle droit est égal au produit de l'hypoténuse par le* *sinus de l'angle opposé, ou par le cosinus de l'angle adjacent.*

Soit le triangle ABC (fig. 20) rectangle est A. Du point C comme centre avec l'unité pour rayon décrivons l'arc MD et abaissons MP perpendiculaire sur AC.

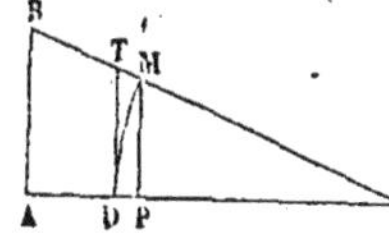

Fig. 20.

Les triangles semblables ABC, CMP donnent :

$$\frac{AB}{BC} = \frac{MP}{MC}$$

C'est-à dire :

$$\frac{c}{a} = \sin C$$

d'où l'on tire :

$$c = a \sin C$$

Or $C + B = 90°$, donc $\sin C = \cos B$ et l'on a également :

$$c = a \cos B.$$

On déduit de la considération des mêmes triangles : $b = a \cos C$ et par suite $b = a \sin B$.

Corollaire. — Si l'on divise membre à membre les relations

$$b = a \sin B, \qquad c = a \cos B$$

Il vient :

$$\frac{b}{c} = \operatorname{tg} B, \text{ d'où } b = c \operatorname{tg} B.$$

Et comme $\operatorname{tg} B = \operatorname{cotg} C$, on a aussi :

$$b = c \operatorname{cotg} C$$

on obtiendrait de même :

$$c = b \operatorname{tg} C, \quad \text{ou} \quad c = b \operatorname{cotg} B.$$

Donc *dans un triangle rectangle chaque côté de l'angle droit est égal à l'autre multiplié par la tangente de l'angle opposé au premier côté ou par la cotangente de l'angle adjacent.*

La relation $c = b \operatorname{tg} C$ peut se déduire de la considération des triangles semblables BAC, DTC (fig. 20). La ligne DT a été menée tangente à l'arc DM au point D.

REMARQUE. — Les trois relations

$$B + C = 90^\circ \qquad b = a \sin B \qquad c = a \cos B$$

sont les seules *distinctes* qui existent entre les éléments d'un triangle rectangle.

En effet un triangle est déterminé par la connaissance de trois de ses éléments (l'un d'eux au moins étant un côté): trois relations sont donc nécessaires et suffisantes pour calculer les trois éléments inconnus.

TRIANGLES OBLIQUANGLES.

46. Théorème I. — *Dans tout triangle rectiligne, les côtés sont proportionnels aux sinus des angles opposés.*

Soit le triangle ABC (fig. 21): abaissons CP perpendiculaire sur le côté AB. Les triangles rectangles ACP, BCP donnent

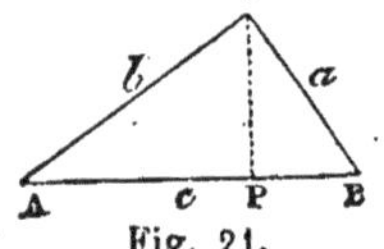

Fig. 21.

$$CP = b \sin A. \qquad CP = a \sin B.$$

donc:

$$b \sin A = a \sin B$$

d'où

$$\frac{b}{\sin B} = \frac{a}{\sin A}.$$

On trouverait de même en abaissant du sommet B une perpendiculaire sur le côté opposé AC,

$$\frac{a}{\sin A} = \frac{c}{\sin C}.$$

On a donc la suite de rapports égaux:

$$\frac{a}{\sin A} = \frac{b}{\sin B} = \frac{c}{\sin C}.$$

Si l'angle A est obtus (fig. 22) la perpendiculaire CP tombera en dehors du triangle et l'on aura

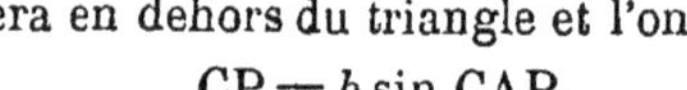

$$CP = b \sin CAP.$$

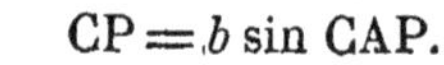

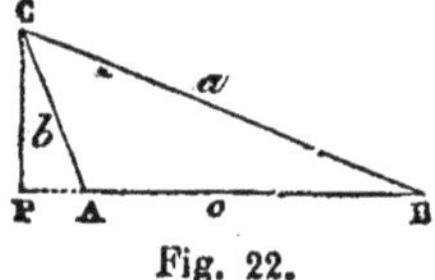

Fig. 22.

Mais l'angle CAP est le supplément de l'angle A du triangle et l'on sait que deux angles supplémentaires ont même sinus, donc encore, $CP = b \sin A$ et l'on a

$$\frac{b}{\sin B} = \frac{a}{\sin A}.$$

REMARQUE I. — Au triangle ABC (fig. 23) circonscrivons un cercle, et soit R le rayon de ce cercle. Abaissons du centre O la perpendiculaire OH sur AB et joignons OB.

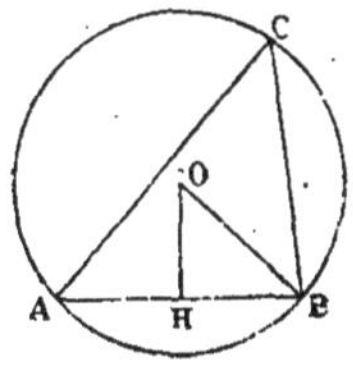

Fig. 23.

Le triangle rectangle OBH donne :

$$BH = OB \sin O.$$

Or $BH = \frac{c}{2}$, $OB = R$ et l'angle $O =$ l'angle C comme ayant même mesure. Donc :

$$\frac{c}{2} = R \sin C$$

d'où

$$\frac{c}{\sin C} = 2R.$$

On obtiendrait de même

$$\frac{a}{\sin A} = \frac{b}{\sin B} = 2R.$$

REMARQUE II. — Les trois relations

$$(1) \quad \left\{ \begin{array}{l} A + B + C = 180^\circ \\ \dfrac{a}{\sin A} = \dfrac{b}{\sin B} = \dfrac{c}{\sin C} \end{array} \right.$$

sont les seules *distinctes* qui existent entre les six éléments d'un triangle : il ne saurait en effet en exister davantage d'après la remarque du n° 45. — Nous allons néanmoins établir directement quelques autres relations entre ces mêmes éléments, mais nous ferons voir ensuite qu'elles peuvent se déduire des précédentes.

47. Théorème II. — *Dans tout triangle rectiligne, le carré d'un côté est égal à la somme des carrés des deux autres, moins deux fois le produit de ces côtés par le cosinus de l'angle qu'ils comprennent.*

Soit (fig. 24) le triangle ABC. Menons CP perpendiculaire sur BA : d'après un théorème de Géométrie élémentaire, on a :

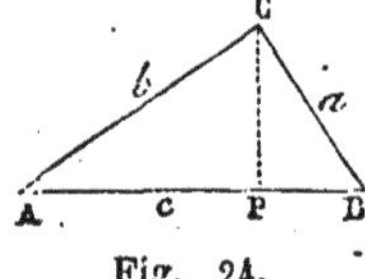

Fig. 24.

$$a^2 = b^2 + c^2 - 2c \times AP.$$

Or dans le triangle rectangle APC, on a :

$$AP = b \cos A.$$

donc :

$$a^2 = b^2 + c^2 - 2bc \cos A.$$

Lorsque l'angle A est obtus (fig. 25), la Géométrie donne :

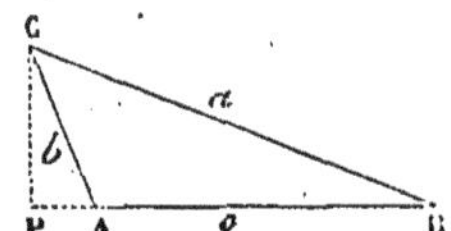

Fig. 25.

$$a^2 = b^2 + c^2 + 2c \times AP.$$

Dans le triangle APC, on a

$$AP = b \cos PAC.$$

L'angle PAC est supplémentaire de l'angle A du triangle, donc cos PAC $= -$ cos A et par suite AP $= - b$ cos A, donc encore :

$$a^2 = b^2 + c^2 - 2bc \cos A.$$

On obtiendrait de la même façon les valeurs de b^2 et de c^2. Le théorème donne ainsi les trois relations suivantes :

$$(2) \quad \left\{ \begin{array}{l} a^2 = b^2 + c^2 - 2bc \cos A, \\ b^2 = a^2 + c^2 - 2ac \cos B, \\ c^2 = a^2 + b^2 - 2ab \cos C. \end{array} \right.$$

Remarque. — Ces formules peuvent être déduites des relations (1).

En effet, la première de ces relations donne A $= 180^\circ -$ (B + C), donc :

$$\cos A = -\cos (B + C) = \sin B \sin C - \cos B \cos C.$$

d'où

$$(\cos A - \sin B \sin C)^2 = \cos^2 B \cos^2 C.$$

Développant le carré et remplaçant $\cos^2 A$, $\cos^2 B$, $\cos^2 C$ par leurs valeurs en fonction des sinus correspondants, il vient, simplification et transposition faites :

$$\sin^2 A = \sin^2 B + \sin^2 C - 2 \sin B \sin C \cos A.$$

Remplaçant sin A, sin B, sin C par les quantités proportionnelles a, b, c, ce qui est permis puisque la formule est homogène par rapport aux sinus, on a :

$$a^2 = b^2 + c^2 - 2bc \cos A.$$

Un calcul semblable donnerait les deux autres relations du groupe (2).

48. Théorème III. — *Dans tout triangle rectiligne, un côté est égal à la somme des produits des deux autres multipliés chacun par le cosinus de l'angle qu'il forme avec le premier côté.*

En effet, dans le triangle ABC (fig. 26) on a :

$$c = AP + PB.$$

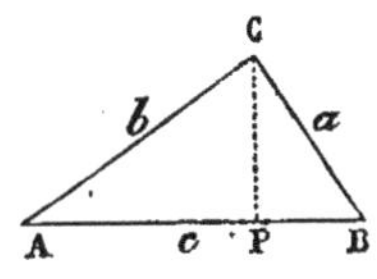

Fig. 26.

Or les triangles rectangles ACP, CPB donnent

$$AP = b \cos A.$$
$$PB = a \cos B.$$

Donc :

$$c = b \cos A + a \cos B.$$

Si l'angle A est obtus (fig. 27) on a :

$$c = PB - PA.$$

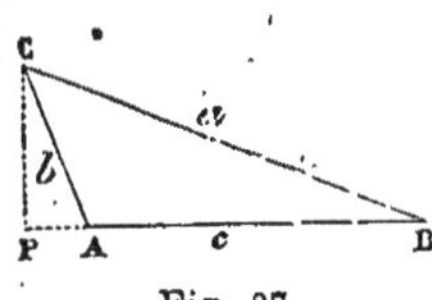

Fig. 27.

Or

$$PB = a \cos B \quad \text{et} \quad AP = b \cos CAP.$$

Mais $\cos CAP = -\cos A$, donc encore

$$c = b \cos A + a \cos B.$$

On obtiendrait d'une façon analogue les valeurs de a et de b. Le théorème donne donc les trois relations suivantes :

$$(3) \quad \begin{cases} a = b \cos C + c \cos B, \\ b = a \cos C + c \cos A, \\ c = a \cos B + b \cos A. \end{cases}$$

Remarque I. — Ces formules peuvent être déduites des relations (1).

En effet, de la première de celles-ci, on tire $A = 180° - (B + C)$, d'où :

$$\sin A = \sin (B + C) = \sin B \cos C + \cos B \sin C,$$

Cette formule étant homogène par rapport aux sinus, on peut remplacer ceux-ci par les quantités proportionnelles a, b, c ; il vient ainsi :

$$a = b \cos C + c \cos B.$$

On obtiendrait de même les deux autres relations du système (3).

REMARQUE II. — Les relations (3) peuvent être également déduites des relations (2). Il suffit pour cela d'ajouter ces dernières deux à deux et de simplifier les résultats.

Réciproquement, les relations (2) peuvent se déduire des relations (3). Pour cela, on multiplie les deux membres de chacune de ces dernières respectivement par a, b, c de façon à amener leurs premiers membres à devenir a^2, b^2, c^2 ; on fait ensuite la somme de deux quelconques des quantités a^2, b^2, c^2; on en retranche la troisième et l'on simplifie les résultats.

49. Les relations

$$(1) \quad \left\{ \begin{array}{l} A + B + C = 180^\circ \\ \dfrac{a}{\sin A} = \dfrac{b}{\sin B} = \dfrac{c}{\sin C} \end{array} \right.$$

peuvent être déduites des relations (2) ou (3) pourvu que l'on fasse cette restriction, que la somme $A + B + C$ ne surpasse pas 180°.

Partons d'abord des relations (2) : on tire de l'une d'elles, la première par exemple:

$$\cos A = \frac{b^2 + c^2 - a^2}{2bc}$$

donc :

$$\sin^2 A = 1 - \left(\frac{b^2 + c^2 - a^2}{2bc}\right)^2 = \frac{4b^2c^2 - (b^2 + c^2 - a^2)^2}{4b^2c^2}.$$

Développant le carré et simplifiant, il vient :

$$\sin^2 A = \frac{-a^4 - b^4 - c^4 + 2a^2b^2 + 2a^2c^2 + 2b^2c^2}{4b^2c^2},$$

et divisant les deux membres par a^2,

$$\frac{\sin^2 A}{a^2} = \frac{-a^4 - b^4 - c^4 + 2a^2b^2 + 2a^2c^2 + 2b^2c^2}{4a^2b^2c^2}.$$

Si maintenant on détermine au moyen de calculs analogues les expressions $\frac{\sin^2 B}{b^2}$ et $\frac{\sin^2 C}{c^2}$, on obtiendra la même valeur que pour $\frac{\sin^2 A}{a^2}$, car cette valeur est symétrique par rapport aux lettres a, b, c : donc,

$$\frac{\sin^2 A}{a^2} = \frac{\sin^2 B}{b^2} = \frac{\sin^2 C}{c^2},$$

d'où

$$\frac{\sin A}{a} = \frac{\sin B}{b} = \frac{\sin C}{c}.$$

Car il est évident que les valeurs des sinus des angles A, B, C ne sauraient être que positives, puisque la somme A + B + C, suivant la restriction faite, ne peut dépasser 180°.

Ajoutons actuellement deux à deux les relations (2) et simplifions, il vient :

$$c = b \cos A + a \cos B,$$
$$b = a \cos C + c \cos A,$$
$$a = b \cos C + c \cos B.$$

Ces expressions sont homogènes, on peut donc y remplacer a, b, c par les quantités proportionnelles sin A, sin B, sin C ; il vient ainsi :

$$\sin C = \sin B \cos A + \sin A \cos B,$$
$$\sin B = \sin A \cos C + \sin C \cos A,$$
$$\sin A = \sin B \cos C + \sin C \cos B.$$

c'est-à-dire :

$$\sin C = \sin (A + B)$$
$$\sin B = \sin (A + C)$$
$$\sin A = \sin (B + C)$$

De là résulte que, la somme A + B + C ne pouvant dépasser 180°, il faut ou bien que cette somme soit précisément égale à 180°, ou que chaque angle soit égal à la somme des deux autres, ce qui ne saurait évidemment avoir lieu. Donc enfin :

$$A + B + C = 180°$$

Et les relations (1) sont ainsi déduites des relations (2).

Elles peuvent l'être comme il suit des relations (3) :

Transportant dans les deux dernières de celles-ci la valeur de a donnée par la première, il vient :

$$b = b \cos^2 C + c \cos B \cos C + c \cos A$$
$$c = b \cos B \cos C + c \cos^2 B + b \cos A$$

ce qui peut s'écrire :

$$b \sin^2 C = c (\cos B \cos C + \cos A)$$
$$c \sin^2 B = b (\cos B \cos C + \cos A)$$

Divisant membre à membre, on a :

$$\frac{b \sin^2 C}{c \sin^2 B} = \frac{c}{b}$$

ou

$$\frac{\sin^2 C}{\sin^2 B} = \frac{c^2}{b^2}$$

d'où, sin B et sin C étant nécessairement positifs :

$$\frac{\sin C}{c} = \frac{\sin B}{b}$$

On obtiendrait au moyen de calculs analogues

$$\frac{\sin B}{b} = \frac{\sin A}{a}$$

La proportionnalité des côtés et des sinus des angles opposés étant déduite des relations (3), il n'y a plus qu'à remplacer dans ces relations les quantités a, b, c par sin A, sin B, sin C pour en déduire comme on l'a déjà fait :

$$A + B + C = 180^\circ.$$

RÉSOLUTION DES TRIANGLES RECTANGLES.

50. Premier cas. — *Résoudre un triangle rectangle connaissant l'hypoténuse* a *et un angle aigu* B.

Les éléments inconnus du triangle sont donnés par les formules :

$$C = 90^\circ - B$$
$$b = a \sin B$$
$$c = a \cos B$$

Les valeurs que l'on obtiendra pour b et c au moyen de ces relations pourront être vérifiées en employant les formules :

$$\operatorname{tg}\frac{B}{2}=\sqrt{\frac{a-c}{a+c}} \qquad \operatorname{tg}\frac{C}{2}=\sqrt{\frac{a-b}{a+b}}.$$

Ces relations s'établissent de la façon suivante.

D'après la formule qui donne $\operatorname{tg}\frac{1}{2}a$ en fonction de $\cos a$, (26. Remarque 2) on a :

$$\operatorname{tg}\frac{B}{2}=\sqrt{\frac{1-\cos B}{1+\cos B}}.$$

Mais de la relation $c=a\cos B$, on tire : $\cos B=\frac{c}{a}$, donc :

$$\operatorname{tg}\frac{B}{2}=\sqrt{\frac{1-\frac{c}{a}}{1+\frac{c}{a}}}=\sqrt{\frac{a-c}{a+c}}.$$

On obtiendrait de même, $\operatorname{tg}\frac{C}{2}=\sqrt{\frac{a-b}{a+b}}$.

Remarque. — La surface d'un triangle rectangle vaut $\frac{bc}{2}$. Elle a ici pour expression en fonction des données

$$S=\frac{a^2\sin B\cos B}{2}=\frac{a^2\sin 2B}{4}.$$

51. Deuxième cas. — *Résoudre un triangle rectangle connaissant un côté* b *de l'angle droit et un angle aigu* B.

Les éléments inconnus se calculent à l'aide des formules

$$C=90^\circ-B.$$

$$a=\frac{b}{\sin B}$$

$$c=b\operatorname{cotg}B.$$

Les valeurs obtenues pour a et c peuvent être vérifiées à l'aide de la relation $b=\sqrt{a^2-c^2}$ ou $b=\sqrt{(a+c)(a-c)}$.

Remarque. — L'expression de la surface du triangle en fonction des données est $S=\frac{b^2\operatorname{cotg}B}{2}$.

52. Troisième cas. — *Résoudre un triangle rectangle connaissant l'hypoténuse* a *et un côté* b *de l'angle droit.*

On obtiendra les éléments inconnus à l'aide des formules

$$\sin B = \cos C = \frac{b}{a}$$

$$c = \sqrt{(a+b)(a-b)}$$

La valeur de c peut être vérifiée à l'aide de la formule $c = a \sin C$.

Remarque I. — Lorsque le côté b est peu différent de l'hypoténuse a, les angles seraient mal déterminés si l'on employait la formule $\sin B = \cos C = \frac{b}{a}$. Il convient alors d'avoir recours pour leur calcul à la formule

$$\operatorname{tg} \frac{C}{2} = \sqrt{\frac{a-b}{a+b}}$$

dont nous avons donné plus haut l'établissement. On emploiera d'ailleurs utilement cette formule dans tous les cas puisqu'on doit chercher pour trouver c les logarithmes de $a+b$ et de $a-b$.

Remarque II. — L'expression de la surface du triangle est en fonction des données, $S = \frac{b\sqrt{(a+b)(a-b)}}{2}$.

53. Quatrième cas. — *Résoudre un triangle rectangle connaissant les deux côtés de l'angle droit* b *et* c.

On détermine les éléments inconnus à l'aide des formules

$$\operatorname{tg} C = \operatorname{cotg} B = \frac{c}{b} \qquad a = \frac{b}{\sin B}$$

et l'on pourra vérifier la valeur trouvée pour a au moyen de la relation $c = \sqrt{(a+b)(a-b)}$.

Remarque I. — On peut calculer directement a au moyen de la relation $a = \sqrt{b^2 + c^2}$, mais on devra alors rendre cette expression calculable par logarithmes en employant un angle auxiliaire. Le calcul de a étant subordonné à celui de cet angle (lequel n'est autre qu'un des angles du triangle) (*), il est plus simple de faire usage, comme nous l'avons indiqué, de la formule $a = \frac{b}{\sin B}$.

REMARQUE II. — L'expression de la surface du triangle en fonction des données est $S = \frac{bc}{2}$.

RÉSOLUTION DES TRIANGLES OBLIQUANGLES.

54. Prémier cas. — *Connaissant un côté* a *d'un triangle et les deux angles adjacents* B, C, *calculer les autres éléments et la surface du triangle.*

On a immédiatement

$$A = 180° - (B + C).$$

D'autre part, des relations

$$\frac{a}{\sin A} = \frac{b}{\sin B} = \frac{c}{\sin C},$$

on tire

$$b = \frac{a \sin B}{\sin A} \qquad c = \frac{a \sin C}{\sin A}$$

On a ainsi les éléments inconnus du triangle.

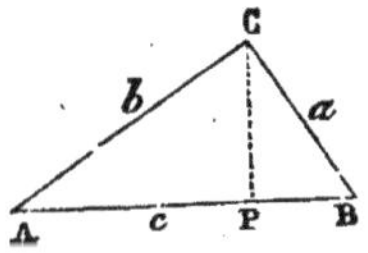

Quant à la surface, elle vaut (fig. 28) $c \times \frac{CP}{2}$. Or dans le triangle rectangle CPB, on a $CP = a \sin B$, donc

$$S = \frac{ac \sin B}{2} \qquad (1)$$

Fig. 28.

(*) En effet $a = \sqrt{b^2 + c^2} = b\sqrt{1 + \frac{c^2}{b^2}}$. Posant $\frac{c^2}{b^2} = \text{tg}^2 \varphi$, on a: $a = b\sqrt{1 + \text{tg}^2 \varphi} = \frac{b}{\cos \varphi}$. Mais φ n'est autre que l'angle C, donc on revient à la relation $a = \frac{b}{\cos C} = \frac{b}{\sin B}$.

Remplaçant c par sa valeur $\frac{a \sin C}{\sin A}$, il vient :

$$S = \frac{a^2 \sin B \sin C}{2 \sin A}.$$

Remarque. — La formule (1) montre que *la surface d'un triangle est égale à la moitié du produit de deux côtés par le sinus de l'angle compris.*

55. Deuxième cas. — *Connaissant deux côtés* a *et* b *d'un triangle ainsi que l'angle* A *opposé au côté* **a**, ***calculer*** *les autres éléments et la surface du triangle.*

De la relation

$$\frac{\sin B}{b} = \frac{\sin A}{a},$$

on tire :

$$\sin B = \frac{b \sin A}{a}.$$

On a ensuite

$$C = 180° - (A + B).$$

Puis

$$c = \frac{a \sin C}{\sin A}$$

et enfin la surface

$$S = \frac{bc \sin A}{2}$$

Discussion. — Pour que le problème soit possible, il faut d'abord que l'on ait $a > b \sin A$, car l'expression $\frac{b \sin A}{a}$ ne peut représenter un sinus qu'à la condition d'être moindre que un.

Cette condition étant supposée remplie, comme l'angle B est donné par son sinus, il existe deux valeurs de B correspondant à ce sinus, l'une que nous nommerons B′, moindre que 90°, et que l'on trouve dans la table ; l'autre égale à 180° — B′, c'est-à-dire égale au supplément de la première.

Ces valeurs seront acceptables : la première, si l'on a :

$$A + B' < 180°;$$

la seconde, si l'on a :

$$A + 180^\circ - B' < 180^\circ$$

ou

$$A < B'.$$

Lorsque l'angle donné A est obtus, il est évident que la seconde valeur est à rejeter, car elle est plus grande que 90°.

Quant à la valeur B′, elle sera acceptable si l'on a $b < a$. En effet la condition $A + B' < 180^\circ$ peut s'écrire

$$B' < 180^\circ - A.$$

d'où il résulte, les angles B′ et 180° — A étant inférieurs à 90°;

$$\sin B' < \sin A,$$

et enfin remplaçant sin B′ par sa valeur $\frac{b \sin A}{a}$ et simplifiant :

$$b < a.$$

Donc lorsque l'angle donné A est obtus, la question ne comporte qu'une solution. Le problème n'est d'ailleurs possible que si l'on a $b < a$.

Lorsque l'angle A est droit, la valeur 180° — B′ est encore à rejeter ; la condition $A + B' < 180^\circ$ est remplie et la valeur B′ est acceptable. On remarquera que, dans ce cas, la condition de possibilité $b \sin A < a$ devient $b < a$, car $\sin A = 1$.

On ne peut donc avoir, lorsque l'angle A est droit comme lorsqu'il est obtus, qu'une seule solution, et le problème n'est possible que si l'on a $b < a$.

Enfin lorsque l'angle donné A est aigu, la condition $A + B' < 180^\circ$ est remplie et la valeur B′ est acceptable. Quant à la valeur 180°—B′ elle sera également acceptable si l'on a $A < B'$.

Or, de cette relation, on tire, les angles B′ et A étant aigus :

$$\sin A < \sin B'$$

d'où

$$a < b.$$

On a donc deux solutions l'angle A étant aigu, lorsque le côté a est moindre que b.

Dans le cas particulier où l'on aurait $b \sin A = a$, on trouverait $B = 90°$; le triangle à résoudre serait donc rectangle et l'on aurait évidemment une seule solution.

En résumé :

Lorsque A est obtus ou droit, la question n'est susceptible que d'une solution ; elle n'est possible que moyennant $a > b$, condition qui entraîne $a > b \sin A$. Lorsque A est aigu et que l'on a $a > b$ la question est possible et n'admet encore qu'une solution. Mais si l'on a avec A aigu, $a < b$ et en même temps $a > b \sin A$, il y a deux solutions. Ces deux solutions se réduisent à une lorsque $a = b \sin A$.

Ces résultats sont, comme il est aisé de le reconnaître, absolument conformes à ceux auxquels on arrive en traitant la question par la Géométrie.

Remarque.—On peut calculer directement le côté c. En effet, on a la relation

$$a^2 = b^2 + c^2 - 2bc \cos A$$

c étant l'inconnue, cette relation s'écrira :

$$c^2 - (2b \cos A)\, c + b^2 - a^2 = 0$$

d'où

$$c = b \cos A \pm \sqrt{b^2 \cos^2 A - b^2 + a^2}.$$

Il est facile de reconnaître que la quantité placée sous le radical vaut $a^2 - b^2 \sin^2 A$, on a donc :

$$c = b \cos A \pm \sqrt{a^2 - b^2 \sin^2 A}.$$

Discussion. — Pour que les valeurs de c soient acceptables, il faut qu'elles soient réelles et positives.

La condition de réalité est $a > b \sin A$.

Si l'angle A est obtus, cos A est négatif, la somme $2b \cos A$ des racines de l'équation en c est donc négative et pour que l'une de ces racines soit acceptable, il faut que leur produit soit négatif, car alors l'une d'elles sera positive. Or ce produit est $b^2 - a^2$; on aura donc une solution moyennant la condition $a > b$.

Si l'angle A est droit, $\cos A = 0$ et les racines se réduisent à $\pm \sqrt{a^2 - b^2 \sin^2 A}$; une seule est donc acceptable à condition qu'elle soit réelle, c'est-à-dire que l'on ait $a > b$, car ici $\sin A = 1$.

Enfin si l'angle A est aigu, la somme des racines de l'équation en c est positive, car cos A est positif ; elles seront donc toutes deux positives et par suite acceptables si leur produit $b^2 - a^2$ est positif, c'est-à-dire si l'on a : $b > a$; tandis que si ce produit est négatif, c'est-à-dire si l'on a : $a > b$, l'une seulement sera positive et il n'y aura qu'une solution.

Lorsque A étant aigu, on a $a = b \sin A$, le radical s'annule et c prend une seule valeur $b \cos A$ qui est positive. Le triangle est alors rectangle.

Cette discussion reproduit, comme on le voit, toutes les circonstances de la précédente.

Nous nous proposerons, les valeurs de c étant supposées toutes deux acceptables, de les rendre calculables par logarithmes.

Ces valeurs peuvent s'écrire :

$$c = b \cos A \pm a \sqrt{1 - \frac{b^2 \sin^2 A}{a^2}}$$

Posons $\dfrac{b \sin A}{a} = \sin \varphi$ ce qui est permis puisque $b \sin A$ est ici plus petit que a, il viendra :

$$c = b \cos A \pm a \sqrt{1 - \sin^2 \varphi}$$

ou

$$c = b \cos A \pm a \cos \varphi.$$

Or de $\dfrac{b \sin A}{a} = \sin \varphi$, on tire :

$$b = \frac{a \sin \varphi}{\sin A}$$

Il vient donc en substituant :

$$c = \frac{a \sin \varphi \cos A}{\sin A} \pm a \cos \varphi$$

ou

$$c = \frac{a (\sin \varphi \cos A \pm \cos \varphi \sin A)}{\sin A} = \frac{a \sin (\varphi \pm A)}{\sin A}$$

Valeurs calculables par logarithmes.

On remarquera que l'angle φ n'est autre que l'angle B. Les calculs à faire pour déterminer directement le côté c ne diffèrent donc pas de ceux indiqués dans la marche à suivre pour résoudre le triangle en commençant par le calcul des angles.

56. Troisième cas. — *Connaissant deux côtés* b *et* c *d'un triangle et l'angle* A *qu'ils comprennent, calculer les autres éléments ainsi que la surface du triangle.*

On a d'abord :

$$B + C = 180° - A$$

d'où,

$$\frac{B + C}{2} = 90° - \frac{A}{2}.$$

D'autre part, de la proportion $\frac{b}{\sin B} = \frac{c}{\sin C}$, on tire :

$$\frac{b - c}{b + c} = \frac{\sin B - \sin C}{\sin B + \sin C}.$$

Or on a vu (29. Remarque 2) que :

$$\frac{\sin B - \sin C}{\sin B + \sin C} = \frac{\operatorname{tg}\left(\frac{B - C}{2}\right)}{\operatorname{tg}\left(\frac{B + C}{2}\right)}$$

donc :

$$\frac{\operatorname{tg}\left(\frac{B - C}{2}\right)}{\operatorname{tg}\left(\frac{B + C}{2}\right)} = \frac{b - c}{b + c}$$

d'où, remarquant que $\operatorname{tg}\left(\frac{B + C}{2}\right) = \operatorname{cotg}\frac{A}{2}$,

$$\operatorname{tg}\left(\frac{B - C}{2}\right) = \frac{b - c}{b + c} \times \operatorname{cotg}\frac{A}{2}.$$

Cette formule permet de déterminer $\frac{B - C}{2}$; on connaît déjà $\frac{B + C}{2}$. La somme de ces deux quantités donnera l'angle B, et leur différence, l'angle C.

Le côté a se détermine ensuite à l'aide de la formule

$$a = \frac{b \sin A}{\sin B}$$

et l'on a pour la surface :

$$S = \frac{bc \sin A}{2}.$$

REMARQUE I. — Lorsqu'on n'a pas à chercher la surface du triangle, au lieu de calculer le côté a au moyen de la formule $a = \frac{b \sin A}{\sin B}$, il est préférable d'en employer une autre que nous allons établir et dont l'application exige la recherche de deux nouveaux logarithmes seulement.

De la suite de rapports égaux

$$\frac{a}{\sin A} = \frac{b}{\sin B} = \frac{c}{\sin C}$$

on tire

$$\frac{a}{\sin A} = \frac{b + c}{\sin B + \sin C} \quad \text{d'où} \quad a = \frac{(b + c) \sin A}{\sin B + \sin C}$$

Or $\sin A = 2 \sin \frac{A}{2} \cos \frac{A}{2}$,

$$\sin B + \sin C = 2 \sin \left(\frac{B + C}{2}\right) \cos \left(\frac{B - C}{2}\right)$$

et

$$\sin \left(\frac{B + C}{2}\right) = \cos \frac{A}{2}.$$

Substituant et simplifiant, il vient :

$$a = \frac{(b + c) \sin \frac{A}{2}}{\cos \left(\frac{B - C}{2}\right)}.$$

Comme on a dû chercher déjà le log de $b + c$ pour le calcul de $\operatorname{tg} \left(\frac{B - C}{2}\right)$, on n'a plus pour faire usage de cette formule qu'à chercher deux logarithmes, celui de $\sin \frac{A}{2}$ et celui de $\cos \left(\frac{B - C}{2}\right)$.

REMARQUE II. — On peut calculer directement l'un des angles B ou C.

On a en effet :

$$\frac{\sin B}{b} = \frac{\sin A}{a},$$

d'où

$$a \sin B = b \sin A \qquad (1)$$

d'autre part, on a :

$$c = a \cos B + b \cos A$$

d'où

$$a \cos B = c - b \cos A \qquad (2)$$

Divisant membre à membre (1) et (2) il vient :

$$\operatorname{tg} B = \frac{b \sin A}{c - b \cos A}.$$

Cette formule n'est pas calculable par logarithmes ; on devra pour l'employer calculer à part $b \cos A$ et retrancher de c la valeur trouvée. Elle fournit un bon procédé de vérification lorsque l'on a calculé les angles du triangle par la méthode qui a été indiquée.

Remarque III. — On peut calculer directement le côté a. On a en effet :

$$a^2 = b^2 + c^2 - 2bc \cos A.$$

Pour rendre cette formule calculable par logarithmes, on remplace d'abord $\cos A$ par sa valeur $1 - 2 \sin^2 \frac{A}{2}$, déduite de la formule $\cos A = \cos^2 \frac{A}{2} - \sin^2 \frac{A}{2}$. Il vient ainsi :

$$a^2 = b^2 + c^2 - 2bc + 4bc \sin^2 \frac{A}{2}$$

ou

$$a^2 = (b - c)^2 \left(1 + \frac{4bc \sin^2 \frac{A}{2}}{(b - c)^2}\right).$$

Posant $\frac{4bc \sin^2 \frac{A}{2}}{(b-c)^2} = \operatorname{tg}^2 \varphi$ et remarquant que $1 + \operatorname{tg}^2 \varphi = \sec^2 \varphi$ ou $\frac{1}{\cos^2 \varphi}$, on aura :

$$a^2 = \frac{(b - c)^2}{\cos^2 \varphi}.$$

d'où enfin

$$a = \frac{b - c}{\cos \varphi}.$$

L'établissement de cette formule suppose que b est différent de c ; lorsque $b = c$, le triangle est isocèle, la bissectrice de l'angle A est médiane et perpendiculaire sur a et l'on a immédiatement

$$\frac{a}{2} = b \sin \frac{A}{2}$$

ou

$$a = 2b \sin \frac{A}{2}.$$

Remarque IV. — Il peut arriver que les côtés b et c soient donnés par leurs logarithmes, et que l'on n'ait pas besoin de la valeur de ces côtés dans la question que l'on traite. On transformera alors la formule

$$\operatorname{tg}\left(\frac{B - C}{2}\right) = \frac{b - c}{b + c} \times \operatorname{cotg} \frac{A}{2}$$

comme il va être indiqué.

Le coefficient $\frac{b-c}{b+c}$ peut s'écrire $\dfrac{1 - \frac{c}{b}}{1 + \frac{c}{b}}$; en posant $\frac{c}{b} = \operatorname{tg} \varphi$, il devient $\frac{1 - \operatorname{tg} \varphi}{1 + \operatorname{tg} \varphi}$.

Or $\operatorname{tg} 45^\circ = 1$, donc on peut écrire :

$$\frac{1 - \operatorname{tg} \varphi}{1 + \operatorname{tg} \varphi} = \frac{\operatorname{tg} 45^\circ - \operatorname{tg} \varphi}{1 + \operatorname{tg} 45^\circ \operatorname{tg} \varphi} = \operatorname{tg} (45^\circ - \varphi).$$

Il vient donc :

$$\operatorname{tg}\left(\frac{B - C}{2}\right) = \operatorname{tg} (45^\circ - \varphi) \operatorname{cotg} \frac{A}{2}.$$

Il est aisé de reconnaître qu'en employant la formule ainsi transformée, on a à faire deux recherches logarithmiques de moins que si l'on s'en servait sous sa première forme.

57. Quatrième cas. — *Connaissant les trois côtés* a, b, c *d'un triangle, calculer les angles et la surface.*

De la relation

$$a^2 = b^2 + c^2 - 2bc \cos A,$$

on tire :

$$\cos A = \frac{b^2 + c^2 - a^2}{2bc} \qquad (1)$$

Formule qui permettrait de calculer l'angle A au moyen des données, mais dont l'emploi ne serait pas commode. Nous nous en servirons pour établir d'autres relations calculables par logarithmes et dont nous ferons usage pour déterminer l'angle A.

Nous avons vu dans le chapitre Ier que $1 - \cos A = 2 \sin^2 \frac{1}{2} A$ et que $1 + \cos A = 2 \cos^2 \frac{1}{2} A$ (30. 3° et 4°). Remplaçant cos A par sa valeur (1), il viendra

$$2 \sin^2 \frac{1}{2} A = 1 - \frac{b^2 + c^2 - a^2}{2bc}$$

$$2 \cos^2 \frac{1}{2} A = 1 + \frac{b^2 + c^2 - a^2}{2bc}.$$

Transformons successivement ces deux formules. Il vient pour la première :

$$2 \sin^2 \frac{1}{2} A = \frac{2bc - b^2 - c^2 + a^2}{2bc}$$

$$\sin^2 \frac{1}{2} A = \frac{a^2 - (b - c)^2}{4bc} = \frac{(a - b + c)(a + b - c)}{4bc}.$$

Posons $a + b + c = 2p$, nous aurons

$$a - b + c = 2(p - b),$$
$$a + b - c = 2(p - c).$$

Et il viendra :

$$\sin^2 \frac{1}{2} A = \frac{(p - b)(p - c)}{bc}$$

d'où

$$\sin \frac{1}{2} A = \sqrt{\frac{(p - b)(p - c)}{bc}}.$$

Il est clair que l'on obtiendrait au moyen de calculs analogues

$$\sin\frac{1}{2}B=\sqrt{\frac{(p-a)(p-c)}{ac}},$$

$$\sin\frac{1}{2}C=\sqrt{\frac{(p-a)(p-b)}{ab}}.$$

Prenons maintenant la valeur $2\cos^2\frac{1}{2}A=1+\frac{b^2+c^2-a^2}{2bc}$, nous aurons successivement :

$$2\cos^2\frac{1}{2}A=\frac{2bc+b^2+c^2-a^2}{2bc}$$

$$\cos^2\frac{1}{2}A=\frac{(b+c)^2-a^2}{4bc}=\frac{(b+c+a)(b+c-a)}{4bc}.$$

Or

$$b+c+a=2p \quad \text{et} \quad b+c-a=2(p-a),$$

donc :

$$\cos^2\frac{1}{2}A=\frac{p(p-a)}{bc}$$

et

$$\cos\frac{1}{2}A=\sqrt{\frac{p(p-a)}{bc}}.$$

On obtiendrait de même

$$\cos\frac{1}{2}B=\sqrt{\frac{p(p-b)}{ac}}$$

$$\cos\frac{1}{2}C=\sqrt{\frac{p(p-c)}{ab}}.$$

Si maintenant nous divisons les valeurs de $\sin\frac{1}{2}A$, $\sin\frac{1}{2}B$, $\sin\frac{1}{2}C$, par celles correspondantes des cosinus, nous trouverons :

$$\operatorname{tg}\frac{1}{2}A=\sqrt{\frac{(p-b)(p-c)}{p(p-a)}}.$$

$$\operatorname{tg}\frac{1}{2}B=\sqrt{\frac{(p-a)(p-c)}{p(p-b)}}$$

$$\operatorname{tg}\frac{1}{2}C = \sqrt{\frac{(p-a)(p-b)}{p(p-c)}}$$

A l'aide de ces formules on pourra déterminer les valeurs des moitiés des angles du triangle et par suite ces angles eux-mêmes.

Il est clair que les angles du triangle pourraient être déterminés au moyen des formules qui donnent les sinus ou les cosinus de leurs moitiés, mais les formules des tangentes sont préférables à un double titre. D'abord comme nous l'avons vu (40) un angle est mieux déterminé par sa tangente que par son sinus ou son cosinus : ensuite les formules des tangentes n'exigent l'emploi que de quatre logarithmes, tandis qu'il faut en chercher six si l'on emploie les formules des sinus, et sept, celles des cosinus.

Comme vérification, la somme des valeurs trouvées pour les trois angles du triangle doit être très-sensiblement égale à 180°.

Dans les formules qui précèdent, il est évident qu'on ne saurait prendre les radicaux qu'avec le signe plus, car les moitiés des angles d'un triangle valent chacune moins de 90°.

La surface S du triangle vaut $\frac{bc \sin A}{2}$: or $\sin A = 2 \sin\frac{A}{2} \cos\frac{A}{2}$, donc :

$$S = bc \sin\frac{A}{2} \cos\frac{A}{2}.$$

Remplaçant sin et cos $\frac{A}{2}$ par leurs valeurs, il vient :

$$S = bc \sqrt{\frac{(p-b)(p-c)}{bc}} \sqrt{\frac{p(p-a)}{bc}};$$

d'où calculs et simplifications faites :

$$S = \sqrt{p(p-a)(p-b)(p-c)}.$$

Remarque I. — On peut écrire :

$$\operatorname{tg}\frac{1}{2}A = \sqrt{\frac{p(p-a)(p-b)(p-c)}{p^2(p-a)^2}}$$

$$\operatorname{tg}\frac{1}{2}B = \sqrt{\frac{p(p-a)(p-b)(p-c)}{p^2(p-b)^2}}$$

$$\operatorname{tg} \frac{1}{2} C = \sqrt{\frac{p(p-a)(p-b)(p-c)}{p^2(p-c)^2}}$$

Donc, comme $\sqrt{p(p-a)(p-b)(p-c)}$ représente la surface S du triangle :

$$\operatorname{tg} \frac{1}{2} A = \frac{S}{p(p-a)},$$

$$\operatorname{tg} \frac{1}{2} B = \frac{S}{p(p-b)},$$

$$\operatorname{tg} \frac{1}{2} C = \frac{S}{p(p-c)}.$$

Ces formules sont avantageuses à employer dans la pratique. On conduit la résolution du triangle en commençant par le calcul de la surface et l'on termine par celui des angles.

Remarque II. — On peut se proposer de chercher à quelles conditions doivent satisfaire les données a, b, c pour que les formules donnent des résultats acceptables.

Prenons par exemple la relation :

$$\operatorname{tg} \frac{1}{2} A = \sqrt{\frac{(p-b)(p-c)}{p(p-a)}}$$

La valeur qu'elle donne pour $\operatorname{tg} \frac{1}{2} A$ doit être réelle ; il faut pour cela que la quantité placée sous le radical soit positive, ce qui arrivera si les facteurs $(p-a)$, $(p-b)$, $(p-c)$ sont tous positifs, ou si deux quelconques d'entre eux sont négatifs. Or cette dernière hypothèse n'est pas admissible, car si l'on avait par exemple $p-b$ et $p-c$ négatifs, on en déduirait $2p < b + c$, ce qui est absurde. Les conditions de réalité sont donc :

$$p - b > 0 \qquad p - c > 0 \qquad p - a > 0.$$

On en tire :

$$a + c > b \qquad a + b > c \qquad b + c > a.$$

C'est-à-dire que chaque côté doit être moindre que la somme des deux autres, résultat qu'il était facile de prévoir.

On pourrait soumettre à une discussion analogue les formules des sinus et celles des cosinus.

TYPES DE CALCULS POUR LA RÉSOLUTION DES TRIANGLES

TRIANGLES RECTANGLES.

58. Premier cas. — *Résoudre un triangle rectangle connaissant* a $= 55^m$, B $= 53° 7' 48'',4$.

Calcul de C.

$$C = 90° - B = 36° 52' 11'',6.$$

Calcul de b.

$$b = a \sin B$$
$$\log b = \log a + \log \sin B$$
$$\log a = 1,7403627$$
$$\log \sin B = \overline{1},9030901$$
$$\log b = 1,6434528$$
$$b = 44^m.$$

Calcul de c.

$$c = a \cos B$$
$$\log c = \log a + \log \cos B$$
$$\log a = 1,7403627$$
$$\log \cos B = \overline{1},7781512$$
$$\log c = 1,5185139$$
$$c = 33^m.$$

59. Deuxième cas. — *Résoudre un triangle rectangle connaissant* b $= 7^m,52$ *et* B $= 25° 17' 14''$.

Calcul de C.

$$C = 90° - B = 64° 42' 46''.$$

Calcul de a.

$$a = \frac{b}{\sin B}$$
$$\log a = \log b - \log \sin B$$
$$\log b = 0,8762178$$
$$- \log \sin B = 0,3694133 \quad (\log \sin B = \overline{1},6305867)$$
$$\log a = 1,2456311$$
$$a = 17^m,60.$$

Calcul de c.

$$c = b \operatorname{cotg} B$$
$$\log c = \log b + \log \operatorname{cotg} B$$
$$\log b = 0,8762178$$
$$\log \operatorname{cotg} B = 0,3256671$$
$$\log c = 1,2018849$$
$$c = 15^m,92 \text{ (par excès).}$$

60. Troisième cas. — *Résoudre un triangle rectangle connaissant* a $= 0^m,64$, b $= 0^m,31$.

Calcul de B *et* C.

$$\sin B = \cos C = \frac{b}{a}$$

$$\log \sin B = \log \cos C = \log b - \log a$$

$$\log b = \bar{1},4913617$$

$$-\log a = 0,1938200 \quad (\log a = \bar{1},8061800)$$

$$\log \sin B = \bar{1},6851817$$

$$B = 28^\circ\ 58'\ 17'',5$$

$$C = 61^\circ\ 1'\ 42'',5.$$

Calcul de c.

$$c = \sqrt{(a+b)(a-b)}$$

$$\log c = \frac{1}{2}\left[\log(a+b) + \log a - b)\right]$$

$$\log(a+b) = \bar{1},9777236$$

$$\log(a-b) = \bar{1},5185139$$

$$2 \log c = \bar{1},4962375$$

$$\log c = \bar{1},7481187$$

$$c = 0^m,56 \text{ (par excès).}$$

61. Quatrième cas. — *Résoudre un triangle rectangle connaissant* b $= 93^m$, c $= 124^m$.

Calcul de B *et de* C.

$$\text{tg } B = \text{cotg } C = \frac{b}{c}$$

$$\log \text{tg } B = \log \text{cotg } C = \log b - \log c$$

$$\log b = 1,9684829$$

$$-\log c = \bar{3},9065783 \quad (\log c = 2,0934217)$$

$$\log \text{tg } B = \bar{1},8750612$$

$$B = 36^\circ\ 52'\ 11''\ 6$$

$$C = 53^\circ\ 7'\ 48'',4.$$

Calcul de a.

$$a = \frac{b}{\sin B}$$

$$\log a = \log b - \log \sin B$$

$$\log b = 1,9684829$$

$$-\log \sin B = 0,2218488 \quad (\log \sin B = \bar{1},7781512)$$

$$\log a = 2,1903317$$

$$a = 155^m.$$

TRIANGLES OBLIQUANGLES.

62. Premier cas. — *Résoudre un triangle et calculer sa surface connaissant* $B = 68^0\,26'\,17''$; $C = 75^0\,8'\,23''$; $a = 97^m,89$.

Calcul de A.

$$A = 180° - (B + C) = 36°\,25'\,20''.$$

Calcul de b.

$$b = \frac{a \sin B}{\sin A}$$

$$\log b = \log a + \log \sin B - \log \sin A$$

$$\begin{aligned} \text{Log } a &= 1,9907383 \\ \text{Log} \sin B &= \bar{1},9684927 \\ - \log \sin A &= 0,2264103 \quad (\log \sin A = \bar{1},7735897) \\ \hline \log b &= 2,1856413 \\ b &= 153^m,33. \end{aligned}$$

Calcul de c.

$$c = \frac{a \sin C}{\sin A}$$

$$\text{Log } c = \log a + \log \sin C - \log \sin A$$

$$\begin{aligned} \text{Log } a &= 1,9907383 \\ \log \sin C &= \bar{1}.9852262 \\ - \log \sin A &= 0\ 2264103 \\ \hline \log c &= 2.2023748 \\ c &= 159^m,36. \end{aligned}$$

Calcul de la surface.

$$S = \frac{a^2 \sin B \sin C}{2 \sin (B + C)}$$

$$\text{Log } S = 2 \log a + \log \sin B + \log \sin C - \log 2 - \log \sin (B + C)$$

$$\begin{aligned} 2 \log a &= 3,9814766 \\ \log \sin B &= \bar{1},9684927 \\ \log \sin C &= \bar{1},9852262 \\ - \log 2 &= \bar{1},6989700 \\ - \log \sin (B + C) &= 0,2264103 \\ \hline \log S &= 3.8605758 \\ S &= 7253^m,97. \end{aligned}$$

63. Deuxième cas. — *Résoudre un triangle et calculer sa surface connaissant* $a = 65792^m,60$; $b = 98045^m,60$; $A = 28^\circ\,51'\,48'',6$.

Calcul de B.

$$\sin B = \frac{b \sin A}{a}$$

$$\text{Log} \sin B = \log b + \log \sin A - \log a$$

$$\log b = 4,9914281$$
$$\log \sin A = \overline{1},6836994$$
$$-\log a = \overline{5},1818229 \quad (\log a = 4,8181771)$$
$$\log \sin B = \overline{1},8569504$$

Il y a deux solutions :

1° $B = 46^\circ 0' 8''$. 2° $B = 133^\circ 59' 52''$.

PREMIÈRE SOLUTION.

$B = 46^\circ\,0'\,8''$.

Calcul de C.

$C = 180^\circ - (A + B) = 105^\circ\,8'\,3'',4$.

Calcul de c.

$$c = \frac{a \sin C}{\sin A}$$

$$\log c = \log a + \log \sin C - \log \sin A$$

$$\log a = 4,8181771$$
$$\log \sin C = \overline{1},9846698$$
$$-\log \sin A = 0,3163006$$
$$\log c = 5,1191475$$
$$c = 131567^m,10.$$

Calcul de S.

$$S = \frac{bc \sin A}{2}$$

$$\log S = \log b + \log c + \log \sin A - \log 2$$

$$\log b = 4,9914281$$
$$\log c = 5,1191475$$
$$\log \sin A = \overline{1},6836994$$
$$-\log 2 = \overline{1},6989700$$
$$\log S = 9,4932450$$
$$S = 3113472000^{mq}.$$

DEUXIÈME SOLUTION

$B = 133^\circ\,59'\,52''$.

Calcul de C.

$C = 180^\circ - (A + B) = 17^\circ\,8'\,19'',4$.

Calcul de c.

$$c = \frac{a \sin C}{\sin A}$$

$$\log c = \log a + \log \sin C - \log \sin A$$

$$\log a = 4,8181771$$
$$\log \sin C = \overline{1},4693598$$
$$-\log \sin A = 0,3163006$$
$$\log c = 4,6038375$$
$$c = 40164^m,04$$

Calcul de S.

$$S = \frac{bc \sin A}{2}$$

$$\log S = \log b + \log c + \log \sin A - \log 2$$

$$\log b = 4,9914281$$
$$\log c = 4,6038375$$
$$\log \sin A = \overline{1},6836994$$
$$-\log 2 = \overline{1},6989700$$
$$\log S = 8,9779350$$
$$S = 950462600^{mq}.$$

64. Troisième cas. — *Résoudre un triangle et trouver sa surface connaissant* b $= 98^m,34$; c $= 85^m,78$; A $=$ $41^\circ\, 55'\, 14'',72$.

Calcul des angles B *et* C.

$$B + C = 180^\circ - A. \quad \frac{B+C}{2} = 90^\circ - \frac{A}{2} = 69^\circ\, 2'\, 22'',64$$

$$\operatorname{tg}\left(\frac{B-C}{2}\right) = \frac{b-c}{b+c} \times \operatorname{cotg}\frac{A}{2}$$

$$\log \operatorname{tg}\left(\frac{B-C}{2}\right) = \log(b-c) - \log(b+c) + \log \operatorname{cotg}\frac{A}{2}$$

$$b - c = 12^m,56 \qquad b + c = 184^m,12 \qquad \frac{A}{2} = 20^\circ 57' 37'',36$$

$$\log(b-c) = 1,0989896$$
$$-\log(b+c) = \bar{3},7348990 \quad (\log(b+c) = 2,2651010)$$
$$\log \operatorname{cotg}\frac{A}{2} = 0,4167209$$
$$\log \operatorname{tg}\left(\frac{B-C}{2}\right) = \bar{1},2506095$$
$$\frac{B-C}{2} = 10^\circ\, 5'\, 50'',11$$
$$\frac{B+C}{2} = 69^\circ\, 2'\, 22'',64$$
$$B = 79^\circ\, 8' 12'',75$$
$$C = 58^\circ 56' 32'',53$$

Calcul de a.

$$a = \frac{b \sin A}{\sin B} \qquad \log a = \log b + \log \sin A - \log \sin B$$

$$\log b = 1,9927302$$
$$\log \sin A = \bar{1},8248428$$
$$-\log \sin B = 0,0078531 \quad (\log \sin B = \bar{1},9921469)$$
$$\log a = 1,8254261$$
$$a = 66^m,90.$$

Calcul de la surface.

$$S = \frac{bc \sin A}{2} \qquad \log S = \log b + \log c + \log \sin A - \log 2$$

$$\log b = 1,9927302$$
$$\log c = 1,9333860$$
$$\log \sin A = \bar{1},8248428$$
$$-\log 2 = \bar{1},6989700$$
$$\log S = 3,4499290$$
$$S = 2817^{mq},9220$$

65. Quatrième cas. — *Résoudre un triangle et calculer sa surface connaissant* a = 100m,35 ; b = 147m,51 ; c = 128m,67.

$$S = \sqrt{p(p-a)(p-b)(p-c)}.$$

$$\operatorname{tg}\frac{1}{2}A = \frac{S}{p(p-a)} \qquad \operatorname{tg}\frac{1}{2}B = \frac{S}{p(p-b)} \qquad \operatorname{tg}\frac{1}{2}C = \frac{S}{p(p-c)}$$

$$2p = a + b + c = 376{,}53$$

$p = 188{,}265$	$\log p = 2{,}2747696$	$-\log p = \bar{3}{,}7252304$
$p - a = 87{,}915$	$\log(p-a) = 1{,}9440630$	$-\log(p-a) = \bar{2}{,}0559370$
$p - b = 40{,}755$	$\log(p-b) = 1{,}6101809$	$-\log(p-b) = \bar{2}{,}3898191$
$p - c = 59{,}595$	$\log(p-c) = 1{,}7752098$	$-\log(p-c) = \bar{2}{,}2247902$

$$\operatorname{Log} S = \frac{1}{2}\left[\log p + \log(p-a) + \log(p-b) + \log(p-c)\right]$$

$$\log p = 2{,}2747696$$
$$\log(p-a) = 1{,}9440630$$
$$\log(p-b) = 1{,}6101809$$
$$\log(p-c) = 1{,}7752098$$

$$\operatorname{Log} S = \frac{1}{2}(7{,}6042233) = 3{,}8021116.$$

$$S = 6340^{mq}{,}3260.$$

Calcul de A.

$$\operatorname{Log}\operatorname{tg}\frac{1}{2}A = \log S - \log p - \log(p-a)$$

$$\log S = 3{,}8021116$$
$$-\log p = \bar{3}{,}7252304$$
$$-\log(p-a) = \bar{2}{,}0559370$$

$$\log\operatorname{tg}\frac{1}{2}A = \bar{1}{,}5832790$$

$$\frac{1}{2}A = 20^\circ 57' 37'',35$$

$$A = 41^\circ 55' 14''.70.$$

Calcul de B.

$$\operatorname{Log}\operatorname{tg}\frac{1}{2}B = \log S - \log p - \log(p-b)$$

$$\operatorname{Log} S = 3{,}8021116$$
$$-\log p = \bar{3}{,}7252304$$
$$-\log(p-b) = \bar{2}{,}3898191$$

$$\log\operatorname{tg}\frac{1}{2}B = \bar{1}{,}9171611$$

$$\frac{1}{2}B = 39^\circ 34' \; 6''.37$$

$$B = 79^\circ \; 8' \, 12'',74.$$

Calcul de C.

$$\operatorname{Log}\operatorname{tg}\frac{1}{2}C = \log S - \log p - \log(p-c)$$

$$\operatorname{Log} S = 3{,}8021116$$
$$-\log p = \bar{3}{,}7252304$$
$$-\log(p-c) = \bar{2}{,}2247902$$

$$\log\operatorname{tg}\frac{1}{2}C = \bar{1}{,}7521322$$

$$\frac{1}{2}C = 29^\circ 28' 16'',25$$

$$C = 58^\circ 56' 32'',50.$$

CHAPITRE IV

APPLICATIONS DE LA TRIGONOMÉTRIE A DIVERSES QUESTIONS QUE PRÉSENTE LE LEVÉ DES PLANS.

66. Problème I. — *Déterminer la distance d'un point* A *à un point inaccessible* B (fig. 29).

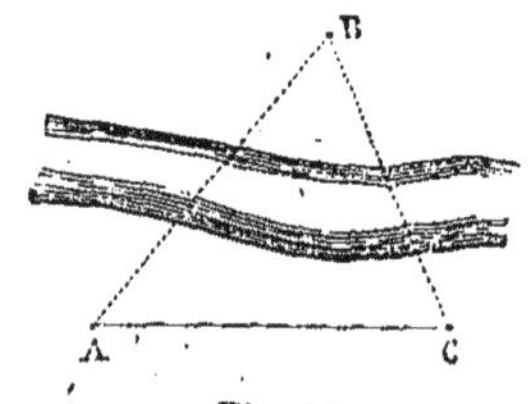

Fig. 29.

On trace sur le terrain une droite AC dont on détermine la longueur ; puis on mesure avec un graphomètre les angles BAC, BCA. On connaît alors dans le triangle ABC un côté et les deux angles adjacents ; on peut donc calculer la distance AB.

67. Problème II. — *Déterminer la distance de deux points inaccessibles* A et B (fig. 30).

On trace sur le terrain une base CD dont on mesure la longueur, puis on évalue à l'aide du graphomètre les angles ACD, BCD, ACB, BDC, ADC. On connaît ainsi dans le triangle ACD un côté et les deux angles adjacents : on peut donc calculer AC. Dans le triangle CBD on connaît également un côté et les angles adjacents, ce qui permet de calculer CB. On a alors dans le triangle ACB un angle et les

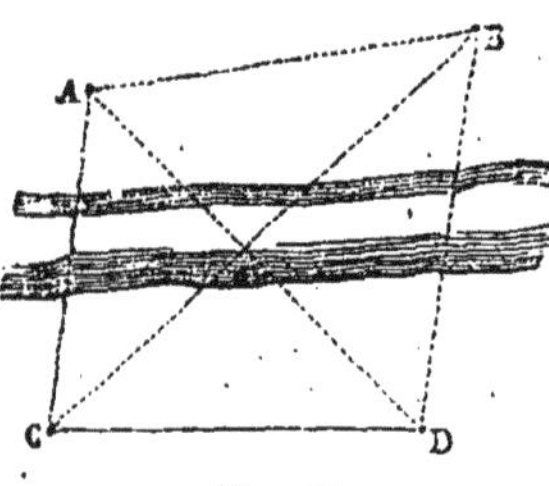

Fig. 30.

deux côtés qui le comprennent, par suite on peut déterminer la distance AB.

Lorsque les quatre points A, B, C, D sont dans le même plan, il est inutile d'évaluer au moyen du graphomètre l'angle ACB, lequel est alors la différence entre les angles ACD et BCD.

C'est ici le cas d'employer pour la résolution du triangle ACB la formule établie dans le chapitre précédent (56. *Remarque* 4), attendu que les côtés AC et CB sont d'abord connus par leurs logarithmes.

68. Problème III. — *Prolonger une ligne droite* AB *au delà d'un obstacle qui arrête la vue* (fig. 31).

On prend un point C d'où l'on puisse apercevoir la ligne AB et la partie du terrain située au delà de l'obstacle. On mesure une longueur AB ainsi que les angles BAC, ABC, ce qui permet de calculer BC. On détermine ensuite l'angle de BC avec une direction CD qui passe au delà de l'obstacle et doit rencontrer le prolongement de AB en un certain point D. On peut alors résoudre le triangle formé par BC, CD et le prolongement de AB ; on porte ensuite sur la direction CD une longueur égale à celle qu'a donnée le calcul, et l'on fait en D avec CD un angle égal au supplément de la somme des angles BCD, CBD. Le second côté DE de cet angle est le prolongement de AB.

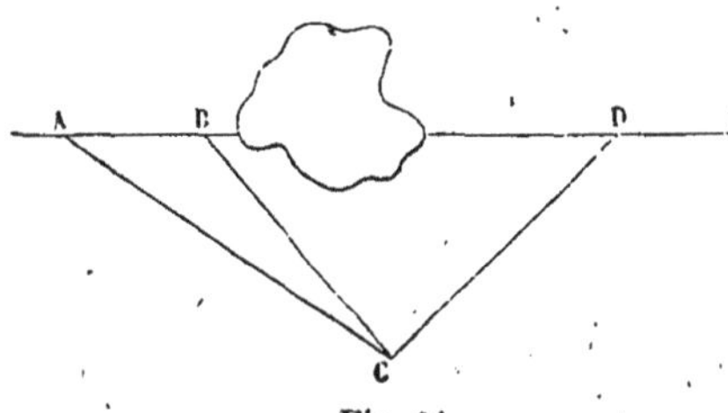

Fig. 31.

69. Problème IV. — *Déterminer le rayon d'un bassin circulaire inaccessible.*

Soit (fig. 32) O le centre du bassin. On mène une base horizontale AB et l'on mesure au graphomètre les angles CAB, DAB formés avec la base AB par deux directions AC, AD tangentes au bassin. Si l'on imagine menée la droite AO, on reconnaît aisément que l'angle OAC est la demi-différence et l'angle OAB la demi-somme des angles qu'on a mesurés. En opérant en B comme on vient de le faire en A, on détermine de même l'angle OBA, de telle sorte que l'on connaît dans le triangle OAB un côté AB et les deux angles adjacents. On calcule alors AO et l'on a ainsi dans le triangle rectangle CAO un angle CAO et l'hypoténuse OA, ce qui permet enfin de calculer le rayon CO du bassin.

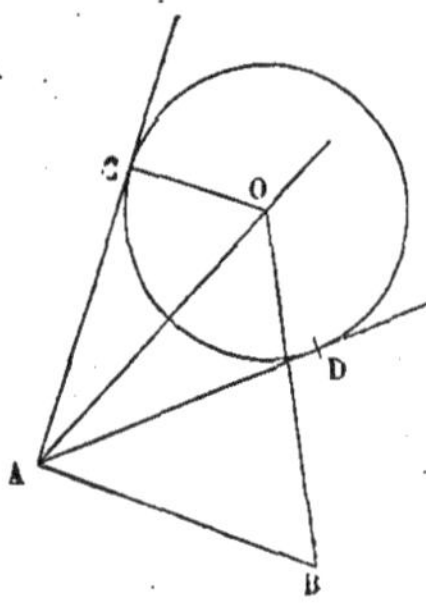

Fig. 32.

Le même procédé est applicable à la détermination du rayon d'une tour.

70. Problème V. — *Trois points* A, B, C (fig. 33) *situés sur un terrain uni ayant été rapportés sur une carte, déterminer sur cette carte la position d'un quatrième point* P *d'où les distances* AC, CB *ont été vues sous des angles* α, β *qu'on a mesurés.*

Soient AC $= a$, CB $= b$. Prenons pour inconnues les angles x et y formés par les directions PA, PB avec les droites a et b; il est clair que la connaissance de ces angles déterminera la position du point P.

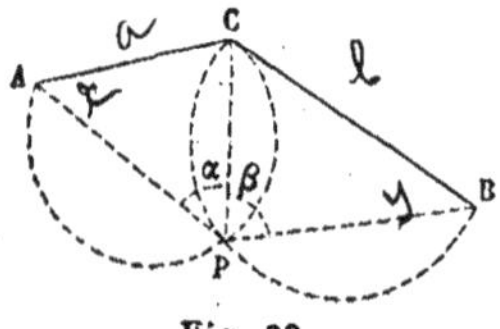

Fig. 33.

Dans le quadrilatère PACB, on a, C représentant l'angle ACB :

$$x + y = 360^\circ - (\alpha + \beta + C)$$

d'où

$$\frac{x+y}{2} = 180^\circ - \frac{\alpha + \beta + C}{2}.$$

Cherchons maintenant la valeur de la demi-différence $\frac{x-y}{2}$.

On a dans le triangle APC,

$$\frac{\sin x}{PC} = \frac{\sin \alpha}{a}$$

et dans le triangle CPB,

$$\frac{\sin y}{PC} = \frac{\sin \beta}{b}$$

Divisant membre à membre, il vient :

$$\frac{\sin x}{\sin y} = \frac{b \sin \alpha}{a \sin \beta}$$

d'où

$$\frac{\sin x - \sin y}{\sin x + \sin y} = \frac{b \sin \alpha - a \sin \beta}{b \sin \alpha + a \sin \beta}.$$

Or :

$$\frac{\sin x - \sin y}{\sin x + \sin y} = \frac{\operatorname{tg}\left(\frac{x-y}{2}\right)}{\operatorname{tg}\left(\frac{x+y}{2}\right)}$$

donc

$$\operatorname{tg}\left(\frac{x-y}{2}\right) = \frac{b \sin \alpha - a \sin \beta}{b \sin \alpha + a \sin \beta} \times \operatorname{tg}\left(\frac{x+y}{2}\right).$$

Pour rendre calculable l'expression $\frac{b \sin \alpha - a \sin \beta}{b \sin \alpha + a \sin \beta}$, on la mettra d'abord sous la forme

$$\frac{1 - \frac{a \sin \beta}{b \sin \alpha}}{1 + \frac{a \sin \beta}{b \sin \alpha}}.$$

Puis on posera $\frac{a \sin \beta}{b \sin \alpha} = \operatorname{tg} \varphi$; elle deviendra alors

$$\frac{1 - \operatorname{tg} \varphi}{1 + \operatorname{tg} \varphi}, \text{ ou } \operatorname{tg}(45^\circ - \varphi)$$

Et l'on aura

$$\operatorname{tg}\left(\frac{x-y}{2}\right) = \operatorname{tg}(45^\circ - \varphi) \operatorname{tg}\left(\frac{x+y}{2}\right) \qquad (1)$$

Connaissant la valeur de $\frac{x+y}{2}$ et de celle de $\frac{x-y}{2}$, on obtiendra x en additionnant ces valeurs et y en soustrayant la seconde de la première.

Remarque I. — Lorsque $x + y = 180^\circ$, $\frac{x+y}{2} = 90^\circ$ et tg $\frac{x+y}{2}$ est infinie. Or en même temps on a $\sin x = \sin y$ et par suite $b \sin \alpha = a \sin \beta$: donc alors $\varphi = 45°$ et tg $(45 - \varphi) = 0$. La formule (1) prend donc la forme $0 \times \infty$, ce qui est un symbole d'indétermination. L'indétermination est ici réelle, car les angles x et y étant supplémentaires, le quadrilatère PACB est inscriptible et tous les points de l'arc du cercle circonscrit compris entre les côtés de l'angle ACB répondent à la question.

Remarque II.—Pour résoudre géométriquement le problème, on décrit sur les côtés a et b deux segments capables, l'un de l'angle α, l'autre de l'angle β : le point d'intersection des deux arcs est le point demandé.

71. Problème VI. — *Déterminer la hauteur d'une tour dont le pied est accessible et qui repose sur un terrain horizontal.*

On mesure à partir du pied A de la tour (fig. 34) une base AC. Au point C on place un graphomètre dont on dispose le limbe verticalement de manière à pouvoir mesurer l'angle BC'A' formé par le rayon visuel mené au sommet de la tour et l'horizontale passant par le point C'. On connaît alors dans le triangle BA'C', le côté A'C' et l'angle aigu en C' ; on peut donc calculer le côté A'B. Ajoutant à la valeur trouvée la hauteur du graphomètre, on a la hauteur de la tour.

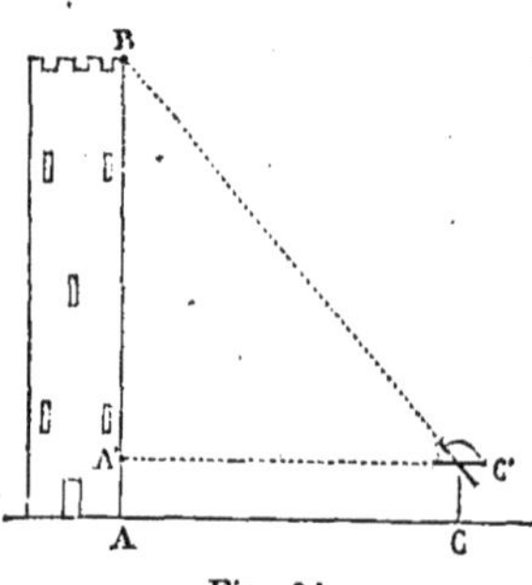

Fig. 34.

Remarque. — Le résultat peut être affecté d'une erreur due à un défaut dans l'évaluation de l'angle en C'. Supposons qu'au lieu de l'angle véritable BCA $= \alpha$ (fig. 35), on ait trouvé avec le graphomètre un angle B'CA $= \alpha - \omega$. On obtiendra alors par le calcul la distance AB' au lieu de la hauteur AB et l'erreur relative du résultat sera $\frac{BB'}{BA}$.

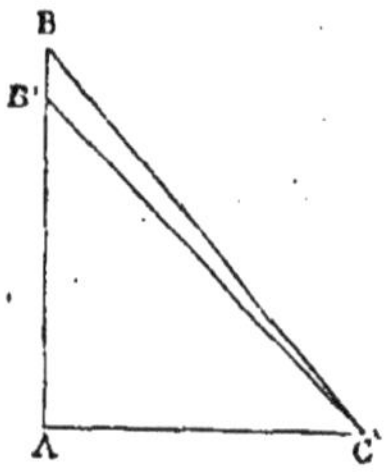

Fig. 35.

Or dans le triangle BB'C, on a :

$$\frac{BB'}{\sin BCB'} = \frac{CB}{\sin BB'C}.$$

Or

$BCB' = \omega$, $\sin BB'C = \sin CB'A = \cos B'CA$ ou $\cos(\alpha - \omega)$

donc :

$$\frac{BB'}{\sin \omega} = \frac{CB}{\cos(\alpha - \omega)}$$

d'où,

$$BB' = \frac{CB \sin \omega}{\cos(\alpha - \omega)}.$$

D'autre part, le triangle BAC donne :

$$BA = CB \sin \alpha.$$

On a donc en nommant ε l'erreur $\frac{BB'}{BA}$,

$$\varepsilon = \frac{\sin \omega}{\sin \alpha \cos(\alpha - \omega)}$$

ou

$$\varepsilon = \frac{2 \sin \omega}{2 \sin \alpha \cos(\alpha - \omega)}.$$

Remplaçant $\cos(\alpha - \omega)$ par $\cos \alpha$, il vient enfin

$$\varepsilon < \frac{2 \sin \omega}{\sin 2\alpha}.$$

L'erreur sera donc la plus petite possible lorsque $\sin 2\alpha$ vaudra 1, c'est-à-dire pour $\alpha = 45°$.

Dans ce cas, la base AC = AB ; on devra donc se placer à une distance de la tour qui diffère aussi peu que possible de la hauteur de celle-ci.

72. Problème VII. — *Déterminer la hauteur d'une montagne.*

On mesure une base BC à partir d'un point B que l'on prend de telle sorte qu'il soit à peu près de niveau avec le pied de la montagne, et l'on détermine avec le graphomètre les angles ABC, ACB formés par BC avec les rayons visuels menés au sommet A de la montagne. On mesure également l'angle ABD formé par le rayon visuel BA et l'horizontale BD passant par la verticale AD du sommet. Dans le triangle BAC on connaît un côté et les deux angles adjacents, on peut donc calculer AB. On a ainsi dans le triangle rectangle ADB l'hypoténuse et un angle aigu, ce qui permet de déterminer AD. En ajoutant la hauteur du graphomètre, on a la hauteur demandée.

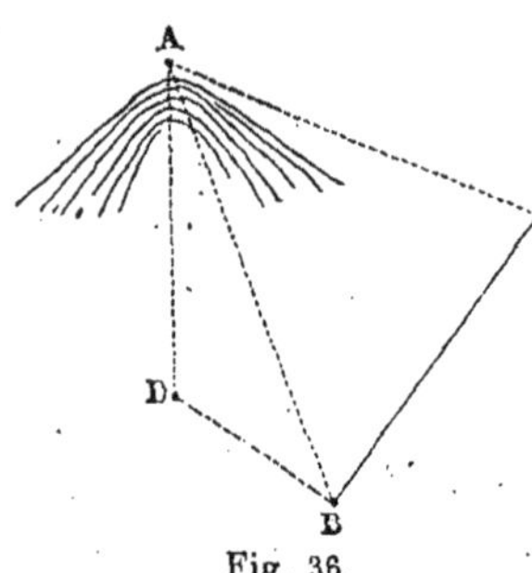

Fig. 36.

Le même procédé s'emploie pour trouver la hauteur d'un édifice dont le pied est inaccessible mais se trouve de niveau avec un point à partir duquel une base peut être tracée.

CHAPITRE V

QUESTIONS RÉSOLUES.

---

73. Problème I. — *Résoudre un triangle rectangle connaissant l'hypoténuse* a *et la somme* b + c *des côtés de l'angle droit.*

On a les relations

$$b = a \sin B \qquad c = a \sin C$$

d'où

$$b + c = a (\sin B + \sin C).$$

Or,

$$\sin B + \sin C = 2 \sin \left(\frac{B + C}{2}\right) \cos \left(\frac{B - C}{2}\right).$$

et,

$$\sin \left(\frac{B + C}{2}\right) = \sin 45° = \frac{\sqrt{2}}{2}$$

Donc,

$$b + c = a \sqrt{2} \cos \left(\frac{B - C}{2}\right)$$

d'où

$$\cos \left(\frac{B - C}{2}\right) = \frac{b + c}{a \sqrt{2}}$$

Cette formule permettra d'obtenir $\frac{B - C}{2}$ et comme on connaît $\frac{B + C}{2}$, on obtiendra facilement B et C, puis les côtés b, c.

En suivant la même marche, on pourra résoudre un triangle rectangle connaissant l'hypoténuse et la différence des côtés de l'angle droit.

74. Problème II. — *Résoudre un triangle rectangle connaissant un angle aigu* B *et la somme* b + c *des côtés de l'angle droit.*

De la relation trouvée en résolvant le problème précédent :

$$b + c = a\sqrt{2}\cos\left(\frac{B - C}{2}\right)$$

on tire :

$$a = \frac{b + c}{\sqrt{2}\cos\left(\frac{B - C}{2}\right)}.$$

On connaît alors l'hypoténuse et un angle aigu ; le calcu s'achèvera donc facilement.

On résoudrait d'une manière semblable un triangle rectangle connaissant un angle aigu et la différence des deux côtés de l'angle droit.

75. Problème III. — *Résoudre un triangle rectangle connaissant l'hypoténuse* a *et la hauteur correspondante* h.

Le double de la surface du triangle peut être exprimé par le produit ah et aussi par le produit bc des deux côtés de l'angle droit, donc

$$bc = ah.$$

Mais

$$b = a\sin B, \quad c = a\cos B,$$

donc

$$a^2 \sin B \cos B = ah$$

ou :

$$a^2 \sin 2B = 2ah,$$

d'où,

$$\sin 2B = \frac{2h}{a}.$$

L'angle 2B étant connu, on en déduira l'angle B et le calcul s'achèvera aisément.

76. Problème IV. — *Résoudre un triangle rectangle connaissant un côté* b *et la somme* a + c *de l'hypoténuse et de l'autre côté de l'angle droit.*

Des formules

$$a = \frac{b}{\sin B}, \quad c = b \operatorname{cotg} B,$$

on déduit

$$a + c = b\left(\frac{1 + \cos B}{\sin B}\right).$$

Or,

$$1 + \cos B = 2 \cos^2 \frac{1}{2} B; \quad \text{et} \quad \sin B = 2 \sin \frac{1}{2} B \cdot \cos \frac{1}{2} B,$$

donc :

$$a + c = b \operatorname{cotg} \frac{1}{2} B$$

d'où

$$\operatorname{cotg} \frac{1}{2} B = \frac{a + c}{b}.$$

L'angle $\frac{1}{2}$ B étant connu, on en déduira B et ensuite les autres éléments du triangle.

77. Problème V. — *Résoudre un triangle connaissant le périmètre* 2p *et les angles.*

On a :

$$\frac{a}{\sin A} = \frac{b}{\sin B} = \frac{c}{\sin C}$$

d'où

$$\frac{a}{\sin A} = \frac{2p}{\sin A + \sin B + \sin C}$$

et

$$a = \frac{2p \sin A}{\sin A + \sin B + \sin C} \quad (1).$$

Pour rendre calculable par logarithmes le dénominateur de la valeur de a, on remarquera que :

$$\sin A + \sin B = 2 \sin\left(\frac{A + B}{2}\right) \cos\left(\frac{A - B}{2}\right)$$

et

$$\sin C = \sin (A + B) = 2 \sin\left(\frac{A + B}{2}\right) \cos\left(\frac{A + B}{2}\right).$$

Donc :

$$\sin A + \sin B + \sin C = 2 \sin\left(\frac{A+B}{2}\right)\left[\cos\left(\frac{A-B}{2}\right) + \cos\left(\frac{A+B}{2}\right)\right].$$

Or $\sin\left(\frac{A+B}{2}\right) = \cos\frac{C}{2}$ et la somme entre parenthèses vaut (29),

$$2 \cos\frac{A}{2} \cos\frac{B}{2}.$$

Donc enfin :

$$\sin A + \sin B + \sin C = 4 \cos\frac{A}{2} \cos\frac{B}{2} \cos\frac{C}{2}.$$

On a ainsi en remplaçant dans la formule (1) $\sin A$ par $2 \sin\frac{A}{2} \cos\frac{A}{2}$ et en simplifiant :

$$a = \frac{p \sin\frac{A}{2}}{\cos\frac{B}{2} \cos\frac{C}{2}}.$$

On obtiendrait de même

$$b = \frac{p \sin\frac{B}{2}}{\cos\frac{A}{2} \cos\frac{C}{2}}, \quad c = \frac{p \sin\frac{C}{2}}{\cos\frac{A}{2} \cos\frac{B}{2}}.$$

La surface S du triangle vaut $\frac{bc \sin A}{2}$ (54) ; remplaçant b et c par leurs valeurs, $\sin A$ par $2 \sin\frac{A}{2} \cos\frac{A}{2}$ et simplifiant, on trouve :

$$S = p^2 \operatorname{tg}\frac{A}{2} \operatorname{tg}\frac{B}{2} \operatorname{tg}\frac{C}{2}.$$

78. Problème VI. — *Résoudre un triangle connaissant la urface et les angles.*

On a trouvé (54) comme expression de la surface d'un triangle en fonction d'un côté et des angles,

$$S = \frac{a^2 \sin B \sin C}{2 \sin A}.$$

On en tire :

$$a = \sqrt{\frac{2S \sin A}{\sin B \sin C}}$$

on aurait de même :

$$b = \sqrt{\frac{2S \sin B}{\sin A \sin C}},$$

$$c = \sqrt{\frac{2S \sin C}{\sin A \sin B}}.$$

79. Problème VII. — *Résoudre un triangle connaissant un côté* a, *l'angle opposé* A *et la somme* b + c *des deux autres côtés.*

On a d'abord $B + C = 180° - A$, d'où $\frac{B+C}{2} = 90° - \frac{A}{2}$.

D'autre part, de $\frac{a}{\sin A} = \frac{b}{\sin B} = \frac{c}{\sin C}$, on tire :

$$\frac{a}{\sin A} = \frac{b + c}{\sin B + \sin C}.$$

Or : $\sin A = 2 \sin \frac{A}{2} \cos \frac{A}{2}$,

$$\sin B + \sin C = 2 \sin \left(\frac{B+C}{2}\right) \cos \left(\frac{B-C}{2}\right),$$

$$\text{et } \sin \left(\frac{B+C}{2}\right) = \cos \frac{A}{2}.$$

Substituant et simplifiant, il vient :

$$\frac{a}{\sin \frac{1}{2} A} = \frac{b + c}{\cos \left(\frac{B-C}{2}\right)}$$

d'où

$$\cos \left(\frac{B-C}{2}\right) = \frac{(b+c) \sin \frac{1}{2} A}{a}.$$

Connaissant la demi-somme $\frac{B+C}{2}$ et la demi-différence $\frac{B-C}{2}$ des angles B et C, on en déduira les valeurs de ces angles et l'on calculera ensuite les côtés b et c.

Remarque I. — On peut se proposer de calculer directement les côtés b et c. Pour cela, on part de la formule

$$a^2 = b^2 + c^2 - 2bc \cos A.$$

Ajoutant et retranchant $2bc$ dans le second membre, on a :

$$a^2 = (b+c)^2 - 2bc\,(1 + \cos A).$$

Et comme $1 + \cos A = 2 \cos^2 \frac{1}{2} A$,

$$a^2 = (b+c)^2 - 4bc \cos^2 \frac{1}{2} A$$

d'où l'on tire :

$$bc = \frac{(b+c)^2 - a^2}{4 \cos^2 \frac{1}{2} A}$$

b et c sont donc les racines de l'équation.

$$x^2 - (b+c)\,x + \frac{(b+c)^2 - a^2}{4 \cos^2 \frac{1}{2} A} = 0.$$

Résolvant, il vient :

$$x = \frac{(b+c) \cos \frac{1}{2} A \pm \sqrt{a^2 - (b+c)^2 \sin^2 \frac{1}{2} A}}{2 \cos \frac{1}{2} A.}$$

La condition de réalité est $a > (b+c) \sin \frac{1}{2} A$. Lorsqu'elle est remplie, les deux valeurs de x sont positives et par suite acceptables. En effet, leur somme est positive et leur produit $\frac{(b+c)^2 - a^2}{4 \cos^2 \frac{1}{2} A}$ l'est également, car $b + c$ est nécessairement plus grand que a.

On peut, en employant le procédé qui a été exposé (43. 2°), rendre les valeurs de x calculables par logarithmes.

REMARQUE II. — Si l'on avait à résoudre un triangle connaissant un côté, l'angle opposé et la différence des deux autres côtés, la marche à suivre serait la même que pour le problème précédent.

80. Problème VIII. — *Résoudre un triangle connaissant un côté* a, *un angle* B *adjacent et la somme* b + c *des deux autres côtés.*

On a trouvé (57)

$$\operatorname{tg}\frac{B}{2} = \sqrt{\frac{(p-a)(p-c)}{p(p-b)}}$$

$$\operatorname{tg}\frac{C}{2} = \sqrt{\frac{(p-a)(p-b)}{p(p-c)}}$$

Multipliant membre à membre, il vient :

$$\operatorname{tg}\frac{B}{2}\operatorname{tg}\frac{C}{2} = \frac{p-a}{p}$$

a et $(b+c)$ étant donnés, on connaît p et $p-a$ et par suite on peut calculer l'angle C et achever ensuite la résolution du triangle.

REMARQUE. Si au lieu de la somme $b+c$, on donnait la différence $b-c$, au lieu de multiplier les valeurs de $\operatorname{tg}\frac{B}{2}$ et de $\operatorname{tg}\frac{C}{2}$ on diviserait, et il viendrait :

$$\frac{\operatorname{tg}\frac{C}{2}}{\operatorname{tg}\frac{B}{2}} = \frac{p-b}{p-c}.$$

Formule qui permettrait de calculer l'angle C, car a et $b-c$ étant donnés, on en déduirait les valeurs de $p-b$ et de $p-c$.

81. Problème IX. — *Étant donnés les trois côtés* a, b, c, *d'un triangle, calculer* : 1° *le rayon du cercle circonscrit* ; 2° *le rayon du cercle inscrit* ; 3° *les rayons des cercles ex-inscrits.*

1° *Rayon du cercle circonscrit.*

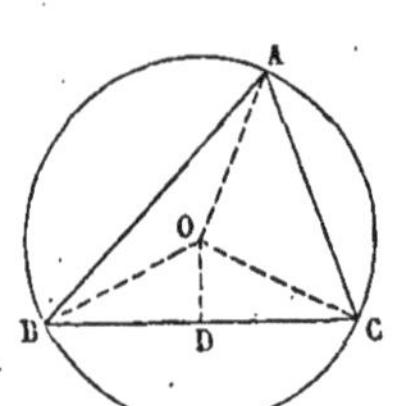

Fig. 37.

Abaissons du centre O (fig. 37) la perpendiculaire OD sur le côté a, joignons OC. L'angle DOC = A comme ayant même mesure. On a donc dans le triangle DOC

$$\frac{a}{2} = R \sin A, \text{ d'où}$$

$$R = \frac{a}{2 \sin A}$$

Or $\sin A = 2 \sin \frac{A}{2} \cos \frac{A}{2}$, et l'on a trouvé (57) :

$$\sin \frac{A}{2} = \sqrt{\frac{(p-b)(p-c)}{bc}} \qquad \cos \frac{A}{2} = \sqrt{\frac{p(p-a)}{bc}}$$

donc :

$$\sin A = \frac{2}{bc} \sqrt{p(p-a)(p-b)(p-c)}$$

et par suite

$$R = \frac{abc}{4\sqrt{p(p-a)(p-b)(p-c)}}.$$

2° *Rayon du cercle inscrit.*

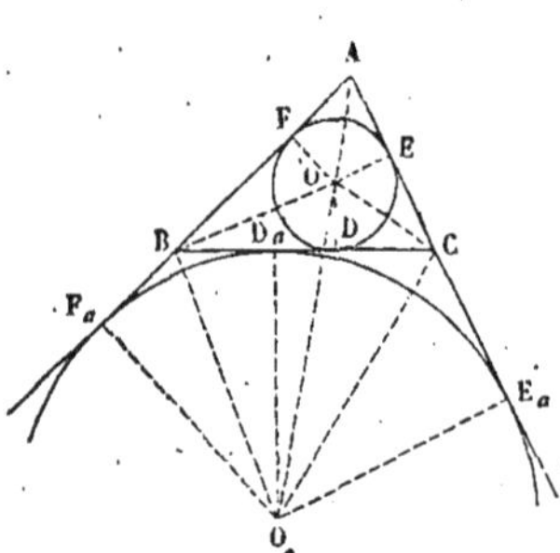

Fig. 38.

Soit O (fig. 38) le centre du cercle inscrit dans le triangle ABC. Joignant OA, OB, OC, on décompose le triangle en trois autres ayant chacun pour base un côté et pour hauteur commune le rayon r du cercle inscrit. Donc la surface S du triangle ABC vaut

$$a \times \frac{r}{2} + b \times \frac{r}{2} + c \times \frac{r}{2} \text{ ou}$$

$$\left(\frac{a+b+c}{2}\right) r \text{ ou enfin } pr$$

mais

$$S = \sqrt{p(p-a)(p-b)(p-c)}$$

donc

$$r = \sqrt{\frac{(p-a)(p-b)(p-c)}{p}}$$

3° *Rayons des cercles ex-inscrits.*

Soit (fig. 38) O_a le centre du cercle ex-inscrit tangent au côté a et aux prolongements des deux autres côtés du triangle. Ayant joint O_a aux trois sommets A, B, C, on a pour la surface S du triangle ABC :

$$S = ABO_a + ACO_a - BCO_a$$

Ces trois triangles ont pour hauteur le rayon r_a du cercle ex-inscrit, donc

$$S = \left(\frac{c + b - a}{2}\right) r_a = (p - a)\, r_a$$

Et comme

$$S = \sqrt{p(p - a)(p - b)(p - c)},$$

$$r_a = \sqrt{\frac{p(p - b)(p - c)}{p - a}}$$

On trouverait de même pour les rayons r_b, r_c des deux autres cercles ex-inscrits :

$$r_b = \sqrt{\frac{p(p - a)(p - c)}{p - b}}$$

$$r_c = \sqrt{\frac{p(p - a)(p - b)}{p - c}}$$

D'après la formule trouvée (57) pour les tangentes des angles $\frac{A}{2}, \frac{B}{2}, \frac{C}{2}$, on peut encore écrire :

$$r_a = p \operatorname{tg} \frac{A}{2}$$

$$r_b = p \operatorname{tg} \frac{B}{2}$$

$$r_c = p \operatorname{tg} \frac{C}{2}$$

Remarque. — Des valeurs que l'on vient d'obtenir, on déduit que *la surface d'un triangle est égale à la racine carrée du produit des rayons du cercle inscrit et des trois cercles ex-inscrits.*

82. Problème X. — *Étant donnés les quatre côtés* a, b, c, d, *d'un quadrilatère inscriptible, calculer : 1° les angles ; 2° les diagonales ; 3° la surface ; 4° le rayon du cercle circonscrit.*

1° *Calcul des angles.*

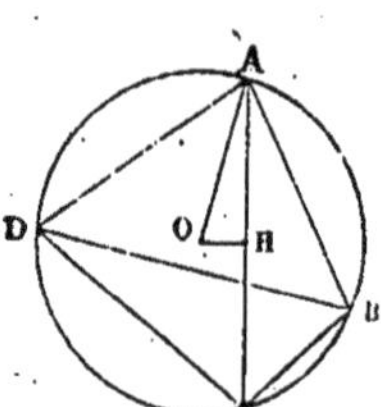

Fig. 39.

Soit ABCD (fig. 39) un quadrilatère inscrit : Posons $AB = a$, $BC = b$, $CD = c$, $DA = d$, $AC = x$, $BD = y$. Les triangles ABC, ADC dans lesquels les angles en B et en D sont supplémentaires et ont par suite leurs cosinus égaux et de signes contraires, donnent :

$$(1) \quad \begin{cases} x^2 = a^2 + b^2 - 2ab \cos B \\ x^2 = c^2 + d^2 + 2cd \cos B. \end{cases}$$

D'où l'on tire

$$(2) \quad \cos B = \frac{a^2 + b^2 - (c^2 + d^2)}{2(ab + cd)}$$

Cette formule n'est pas calculable par logarithmes ; elle va nous servir pour calculer $\operatorname{tg} \frac{1}{2} B$: pour cela nous partirons des relations

$$2 \sin^2 \frac{B}{2} = 1 - \cos B. \qquad 2 \cos^2 \frac{B}{2} = 1 + \cos B.$$

Remplaçant dans l'une et l'autre cos B par sa valeur et divisant par 2, il vient pour la première :

$$\sin^2 \frac{B}{2} = \frac{(c+d)^2 - (a-b)^2}{4(ab+cd)} = \frac{(c+d+a-b)(c+d-a+b)}{4(ab+cd)}$$

et pour la seconde :

$$\cos^2 \frac{B}{2} = \frac{(a+b)^2 - (c-d)^2}{4(ab+cd)} = \frac{(a+b+c-d)(a+b-c+d)}{4(ab+cd)}$$

Si nous désignons le périmètre $a + b + c + d$ par $2p$, nous aurons $b + c + d - a = 2(p - a)$, $a + c + d - b = 2(p - b)$, $a + b + d - c = 2(p - c)$ et $a + b + c - d = 2(p - d)$. Substituant dans les valeurs qui précèdent et extrayant la racine, il vient :

$$\sin \frac{B}{2} = \sqrt{\frac{(p-a)(p-b)}{ab+cd}}.$$

$$\cos \frac{B}{2} = \sqrt{\frac{(p-c)(p-d)}{ab+cd}}.$$

Divisant membre à membre on trouve :

$$\text{tg}\,\frac{B}{2} = \sqrt{\frac{(p-a)(p-b)}{(p-c)(p-d)}}.$$

formule calculable par logarithmes.

On trouverait de même pour l'angle A du quadrilatère la formule :

$$\text{tg}\,\frac{A}{2} = \sqrt{\frac{(p-a)(p-d)}{(p-b)(p-c)}}.$$

2° *Calcul des diagonales.*

Les diagonales peuvent être calculées comme éléments de triangles dans lesquels on connaît actuellement un angle et les deux côtés qui le comprennent. On peut aussi les obtenir directement en fonction des côtés. En effet, remplaçant dans l'une des équations (1) cos B par sa valeur (2) qu'on a tirée de ces équations, il vient

$$x^2 = a^2 + b^2 - 2ab \times \frac{a^2 + b^2 - (c^2 + d^2)}{2(ab + cd)}$$

d'où l'on tire :

$$x^2 = \frac{(ac+bd)(ad+bc)}{ab+cd} \text{ et } x = \sqrt{\frac{(ac+bd)(ad+bc)}{ab+cd}}.$$

On aurait de même :

$$y^2 = \frac{(ac+bd)(ab+cd)}{ad+bc} \text{ et } y = \sqrt{\frac{(ac+bd)(ab+cd)}{ad+bc}}.$$

Si l'on multiplie, puis que l'on divise membre à membre les valeurs de x et de y, il vient

$$xy = ac + bd$$
$$\frac{x}{y} = \frac{ad + bc}{ab + cd}$$

On obtient ainsi deux théorèmes que l'on peut établir par des considérations purement géométriques et dont voici l'énoncé :

1° *Dans un quadrilatère inscrit, le rectangle des diagonales est égal à la somme des rectangles des côtés opposés.*

2° *Dans un quadrilatère inscrit, le rapport des diagonales est égal au rapport des sommes des rectangles des côtés qui aboutissent à leurs extrémités.*

3° *Calcul de la surface.*

La surface est la somme des surfaces des triangles ABC, ADC. Or surf ABC $= \frac{1}{2}ab \sin B$ et surf ADC $= \frac{1}{2}cd \sin D$ ou encore surf ADC $= \frac{1}{2}cd \sin B$, car les angles B et D sont supplémentaires.

Donc :

$$S = \frac{1}{2}(ab + cd) \sin B.$$

Or $\sin B = 2 \sin \frac{B}{2} \cos \frac{B}{2}$. Remplaçant $\sin \frac{B}{2}$ et $\cos \frac{B}{2}$ par leurs valeurs déjà trouvées, il vient

$$\sin B = \frac{2\sqrt{(p-a)(p-b)(p-c)(p-d)}}{ab+cd}.$$

Et par suite :

$$S = \sqrt{(p-a)(p-b)(p-c)(p-d)}.$$

4° *Calcul du rayon du cercle circonscrit.*

Abaissons OH perpendiculaire sur AC et joignons OA, nous avons en nommant R le rayon demandé OA :

$$R = \frac{x}{2 \sin B}$$

car l'angle AOH $=$ D comme ayant même mesure, et comme $D = 180° - B$, $\sin D = \sin B$.

Remplaçant x et sin B par leurs valeurs il vient :

$$R = \frac{\sqrt{(ac+bd)(ab+cd)(ad+bc)}}{4\sqrt{(p-a)(p-b)(p-c)(p-d)}}$$

63. Problème XI. — *Résoudre l'équation :*

$$a \sin x + b \cos x = c,$$

dans laquelle les quantités a, b, c, *sont réelles et positives.*

En adjoignant à cette équation la relation $\sin^2 x + \cos^2 x = 1$, on pourrait éliminer l'une des lignes $\sin x$ ou $\cos x$ et obtenir la valeur de l'autre en fonction de a, b, c. Mais l'expression que l'on trouverait ainsi ne serait pas calculable par logarithmes et il est préférable d'opérer comme il suit.

L'équation proposée peut s'écrire :

$$\sin x + \frac{b}{a} \cos x = \frac{c}{a}.$$

Posant $\frac{b}{a} = \operatorname{tg} \varphi$, elle devient :

$$\sin x + \operatorname{tg} \varphi \cos x = \frac{c}{a}$$

et successivement :

$$\sin x + \frac{\sin \varphi}{\cos \varphi} \cos x = \frac{c}{a}$$

$$\sin x \cos \varphi + \sin \varphi \cos x = \frac{c}{a} \cos \varphi$$

$$\sin (x + \varphi) = \frac{c}{a} \cos \varphi.$$

Si l'on nomme α le plus petit angle positif ayant pour sinus $\frac{c}{a} \cos \varphi$, on a :

$$x + \varphi = 2\text{K}\pi + \alpha$$

et

$$x + \varphi = (2\text{K} + 1)\pi - \alpha$$

d'où

$$x = 2\text{K}\pi + \alpha - \varphi.$$

et

$$x = (2\text{K} + 1)\pi - \alpha - \varphi.$$

La valeur de l'angle φ est bien entendu celle trouvée dans la table, c'est-à-dire celle du plus petit angle positif ayant pour tangente $\frac{b}{a}$.

Remarque. — Pour que le problème soit possible, il faut que l'on ait $\frac{c}{a} \cos \varphi < 1$. Or $\cos \varphi = \frac{1}{\sqrt{1 + \operatorname{tg}^2 \varphi}} = \frac{a}{\sqrt{a^2 + b^2}}$, donc la condition de possibilité est

$$c < \sqrt{a^2 + b^2}.$$

84. Problème XII. — *Établir la relation qui existe entre les cosinus des trois angles d'un triangle.*

De la relation,

$$A + B + C = 180^\circ$$

on tire :

$$\cos A = -\cos(B + C)$$

ou

$$\cos A = -\cos B \cos C + \sin B \sin C$$

d'où :

$$\cos A + \cos B \cos C = \sin B \sin C.$$

Élevant au carré les deux membres de l'égalité et remplaçant $\sin^2 B$, $\sin^2 C$ par leurs valeurs respectives $1 - \cos^2 B$, $1 - \cos^2 C$, il vient

$$\cos^2 A + 2\cos A \cos B \cos C + \cos^2 B \cos^2 C = (1 - \cos^2 B)(1 - \cos^2 C)$$

d'où effectuant et simplifiant,

$$\cos^2 A + \cos^2 B + \cos^2 C + 2\cos A \cos B \cos C = 1. \quad (\alpha)$$

Telle est la relation demandée.

Remarque. — Nous pouvons nous servir de cette relation pour établir au moyen du calcul qu'un triangle n'est pas déterminé par la connaissance de ses trois angles.

En effet, nous avons les trois relations :

$$\begin{aligned} a &= b \cos C + c \cos B, \\ b &= a \cos C + c \cos A \\ c &= a \cos B + b \cos A \end{aligned}$$

Considérons-les comme un système de trois équations à trois inconnues a, b, c et écrivons-les comme il suit :

$$(1) \quad \left\{ \begin{aligned} & a - (\cos C) b - (\cos B) c = 0 \\ & (\cos C) a - b + (\cos A) c = 0. \\ & (\cos B) a + (\cos A) b - c = 0. \end{aligned} \right.$$

Elles sont ainsi ramenées à la forme

$$\begin{aligned} ax + by + cz &= 0. \\ a'x + b'y + c'z &= 0. \\ a''x + b''y + c''z &= 0. \end{aligned}$$

Or on démontre en algèbre qu'il y a indétermination lorsque, dans un tel système le dénominateur commun des valeurs des inconnues est égal à zéro : Ce dénominateur dont la forme est

$$ab'c'' - ac'b'' + ca'b'' - ba'c'' + bc'a'' - cb'a''$$

devient égal pour les équations (1) à

$$1 - \cos^2 A - \cos A \cos B \cos C - \cos^2 C - \cos A \cos B \cos C - \cos^2 B$$

ou

$$1 - (\cos^2 A + \cos^2 B + \cos^2 C + 2 \cos A \cos B \cos C).$$

Mais d'après la relation (α) cette expression est égale à zéro, donc les valeurs de a, b, c sont bien indéterminées.

Il est bon de remarquer ici que les rapports des inconnues sont déterminés.

En effet si nous divisons par c les deux membres de chacune des équations (1) il vient :

$$(2) \quad \begin{cases} \dfrac{a}{c} - (\cos C)\dfrac{b}{c} - \cos B = 0 \\ (\cos C)\dfrac{a}{c} - \dfrac{b}{c} + \cos A = 0. \\ (\cos B)\dfrac{a}{c} + (\cos A)\dfrac{b}{c} - 1 = 0. \end{cases}$$

Les deux premières étant mises sous la forme

$$\frac{a}{c} - (\cos C)\frac{b}{c} = \cos B.$$

$$(\cos C)\frac{a}{c} - \frac{b}{c} = -\cos A,$$

nous donneront si nous appliquons les formules de résolution du système $ax + by = c$, $a'x + b'y = c'$, $\frac{a}{c}$ et $\frac{b}{c}$ étant regardées comme les inconnues :

$$\frac{a}{c} = \frac{-\cos B - \cos A \cos C}{-1 + \cos^2 C}.$$

$$\frac{b}{c} = \frac{-\cos A - \cos B \cos C}{-1 + \cos^2 C}.$$

Or

$$-\cos B = \cos (A + C) = \cos A \cos C - \sin A \sin C,$$

et

$$-\cos A = \cos(B + C) = \cos B \cos C - \sin B \sin C.$$

D'autre part :

$$-1 + \cos^2 C = -\sin^2 C.$$

Substituant dans les valeurs de $\frac{a}{c}$ et de $\frac{b}{c}$, il vient simplifications faites

$$\frac{a}{c} = \frac{\sin A}{\sin C}$$

$$\frac{b}{c} = \frac{\sin B}{\sin C}.$$

Si l'on transporte ces valeurs dans la 3e équation du système (2), on voit aisément qu'elle est vérifiée, car elle devient

$$\cos B \sin A + \cos A \sin B - \sin C = 0$$

ou

$$\sin C = \sin(A + B).$$

Ce qui est vrai puisque $A + B + C = 180°$.

QUESTIONS PROPOSÉES

ET

EXERCICES DE CALCUL

---

1. — La cotangente d'un arc $= 1$, trouver le sinus de cet arc (B) (*).

2. — L'arc de 75° peut se partager en deux arcs dont il est possible de déterminer le sinus et le cosinus au moyen de la Géométrie : calculer ces quatre lignes et s'en servir pour déterminer les sinus, cosinus et tangente de 75°. (B)

3. — Etant donnés $\sin a$ et $\sin b$, calculer $\sin(a + b)$.

4. — Etant donnés $\sin(a + b)$ et $\sin(a - b)$, trouver $\sin a$ et $\sin b$.

5. — Etant donnés $\cos(a + b)$ et $\cos(a - b)$, trouver $\cos a$ et $\cos b$.

6. — Connaissant $\operatorname{tang} a$, calculer sin et $\cos 2a$. (B)

7. — Calculer sans le secours des tables $\operatorname{tg} \frac{\pi}{8}$.

8. — Etant donné $\operatorname{tg} \frac{1}{2} a = 2 - \sqrt{3}$, calculer sin et $\cos a$. (B)

9. — Trouver $\operatorname{tg} \frac{1}{2} a$ en fonction de $\operatorname{tg} a$, sachant que $\operatorname{tg} \frac{1}{2} a = \pm \sqrt{\frac{1 - \cos a}{1 + \cos a}}$.

10. — Trouver le sinus et le cosinus de l'angle aigu x qui vérifie l'équation $\operatorname{tg} 2x = 3 \operatorname{tg} x$. (B)

11. — Trouver coséc $2a$ sachant que $\operatorname{cotg} a = \frac{4}{3}$. (B).

(*) Les questions marquées (B) ont été données en composition aux examens du baccalauréat ès sciences.

12. — Etant donné $\sin a$, trouver $\sin \frac{1}{3} a$. Etablir qu'il existe trois valeurs pour $\sin \frac{1}{3} a$ et en faire la somme.

13. — Même question pour $\cos \frac{1}{3} a$ en fonction de $\cos a$.

14. — Etant donné $\cos a$, trouver $\cos 4a$. En déduire l'équation qui permet de calculer $\cos \frac{a}{4}$ en fonction de $\cos a$.

15. — Étant donnée $\operatorname{tg} a$, calculer $\operatorname{tg} 4a$.

16. — Trouver un arc x compris entre 0° et 360° et un nombre positif y tels que l'on ait :

$$y \cos x = 324{,}6219$$
$$y \sin x = -549{,}7827. \quad \text{(B)}$$

17. — Démontrer que si l'on suppose $a + b + c = \pi$, on a :

$$\sin a + \sin b + \sin c = 4 \cos \frac{a}{2} \cos \frac{b}{2} \cos \frac{c}{2}.$$

18.

$$\cos a + \cos b + \cos c = 1 + 4 \sin \frac{a}{2} \sin \frac{b}{2} \sin \frac{c}{2}.$$

19.

$$\sin 2a + \sin 2b + \sin 2c = 4 \sin a \sin b \sin c.$$

20.

$$\operatorname{cotg} \frac{a}{2} + \operatorname{cotg} \frac{b}{2} + \operatorname{cotg} \frac{c}{2} = \operatorname{cotg} \frac{a}{2} \operatorname{cotg} \frac{b}{2} \operatorname{cotg} \frac{c}{2}.$$

21.

$$\operatorname{tg} a + \operatorname{tg} b + \operatorname{tg} c = \operatorname{tg} a \operatorname{tg} b \operatorname{tg} c.$$

22. — Etant donnée la relation $\operatorname{tg} a + \operatorname{tg} b + \operatorname{tg} c = \operatorname{tg} a \operatorname{tg} b \operatorname{tg} c$ trouver la valeur de la somme $a + b + c$.

23. — Démontrer la relation

$$\cos (a + b) \cos (a - b) = \cos^2 a - \sin^2 b. \quad \text{(B)}$$

24. — Démontrer la relation

$$\operatorname{tg} a + \operatorname{tg} b = \frac{2 \sin (a + b)}{\cos (a + b) + \cos (a - b)}. \quad \text{(B)}$$

25. — Faire la somme :

$$\cos x + \cos (120° + x) + \cos (240° + x).$$

26. — Rendre calculable par logarithmes l'expression

$$\sin^2 a - \sin^2 b.$$

27. — Rendre calculable par logarithmes l'expression

$$\frac{\sin a + \sin 3a + \sin 5a}{\cos a + \cos 3a + \cos 5a}.$$

28. — Rendre calculable par logarithmes l'expression

$$\text{tg}^2 12^\circ - \text{cotg}^2 12^\circ.$$

29. — Vérifier la formule

$$\text{tg}(45 + a) - \text{tg}(45 - a) = 2 \text{ tg } 2a \quad \text{(B)}$$

30. — Rendre calculable par logarithmes l'expression

$$\frac{\sin^2 a - \sin^2 b}{(\cos a + \cos b)^2}.$$

31. — Rendre calculable par logarithmes l'expression

$$\sin x + \sin 2x + \sin 3x + \sin 4x.$$

32. — Rendre calculable par logarithmes l'expression

$$\sin x + \sin(90^\circ + x) + \sin(180^\circ + x) + \sin(270^\circ + x).$$

33. — Simplifier l'expression

$$\frac{\sin 7x}{\sin x} - 2 \cos 2x - 2 \cos 4x - 2 \cos 6x. \quad \text{(B)}$$

34. — Que devient l'expression :

$$\frac{\sin a - \sin b}{\text{tg } a - \text{tg } b}$$

lorsqu'on suppose $b = a$.

35. — Que devient l'expression :

$$\frac{\sin(a - b)}{\sin a - \sin b}.$$

lorsqu'on suppose $b = a$.

36. — Que devient l'expression :

$$\frac{\sin a - \sin b}{\sin \frac{1}{2} a - \sin \frac{1}{2} b}$$

lorsqu'on suppose $b = a$.

37. — Que devient l'expression :

$$\frac{\text{tg } x}{1 - \cos x}$$

lorsqu'on suppose $x = 0$.

38. — Que devient l'expression :

$$\operatorname{tg} a \times \operatorname{tg} 2a$$

pour $a = 90°$.

39. — Que devient l'expression :

$$\operatorname{tg} a\,(1 - \sin^2 a)$$

pour $a = 90°$.

40. — Que devient l'expression :

$$\operatorname{tg} a\,(1 - \sin a)$$

pour $a = 90°$.

41. — Que devient l'expression :

$$\frac{\sin 3x}{\sin x}$$

pour $x = 0$.

42. — Que devient l'expression :

$$\frac{\sin 3a}{\sin 2a}$$

pour $a = 0$

43. — Le cosinus d'un arc compris entre 90° et 180° vaut — 0,358 : calculer sans faire usage des tables le cosinus de la moitié de cet arc et vérifier ensuite à l'aide des tables le résultat obtenu. (B)

44. — Calculer avec sept décimales les sinus des arcs de 20°, 92°, 164°, 236°, 308°, ainsi que leur somme algébrique. (B).

45. — Déterminer tous les arcs compris entre 0° et 1000° dont le cosinus est égal à 0,548. (B)

46. — Trouver un arc compris entre 200° et 300° ayant pour tangente 1,57. (B)

47. — Calculer à 0",1 près un arc x tel que l'on ait :

$$\operatorname{tg} x = \sqrt{\frac{2}{3}}. \quad \text{(B)}$$

48. — Calculer à 0",1 près un arc x tel que l'on ait :

$$\sin x = \sqrt[3]{\frac{2}{11}}. \quad \text{(B)}$$

49. — Calculer à 1" près un arc x tel que l'on ait :

$$\sin x = \frac{\sqrt[3]{2}}{\sqrt[5]{12}}. \quad \text{(B)}$$

50. — Calculer à 1″ près un arc x tel que l'on ait :

$$\operatorname{tg} x = \operatorname{tg} 28^\circ\, 17'\, 46'' \times \sqrt{3}. \quad \text{(B)}$$

51. — Calculer directement la valeur de sin 10° et déterminer l'approximation de la valeur trouvée.

52. — Trouver entre 0° et 45° un arc x tel que l'on ait :

$$\sin x + \cos x = 1{,}15. \quad \text{(B)}$$

53. — Trouver entre 0° et 360° un arc x tel que l'on ait :

$$\cos x - \sin x = \sin 23^\circ\, 27'\, 30''. \quad \text{(B)}$$

54. — Trouver un arc x tel que l'on ait :

$$\operatorname{tg}(x + 75^\circ) - \operatorname{tg}(x + 15^\circ) = \operatorname{tg} a. \quad \text{(B)}$$

Déterminer les valeurs de a pour lesquelles le problème est possible

55. — Déterminer un arc x tel que l'on ait :

$$\sin x = \frac{1}{15} \sin 15^\circ. \quad \text{(B)}$$

56. — Résoudre l'équation

$$2 \sin x = \sin(45^\circ - x). \quad \text{(B)}$$

57. — Résoudre l'équation

$$\sin x = \sin(a - x).$$

58. — Résoudre l'équation

$$\sin 2x = \frac{3}{2} \sin x. \quad \text{(B)}$$

59. — Calculer l'arc x sachant que

$$\sin x = \sin 6^\circ + \sin 8^\circ + \sin 10^\circ.$$

60. — Calculer l'arc x sachant que

$$\sin x = \sin 25^\circ + \sin 35^\circ.$$

61. — Calculer tous les arcs x qui vérifient l'équation :

$$\cos x + \cos(x + 30) = \frac{3}{2}. \quad \text{(B)}$$

62. — Calculer tous les arcs x qui vérifient l'équation :

$$\cos x + \cos \frac{x}{2} = 1{,}999. \quad \text{(B)}$$

63. — Calculer à 0",1 près tous les arcs positifs et moindres que la circonférence qui satisfont à l'équation

$$\cos 2x = \cos x + 1. \quad \text{(B)}$$

64. — Trouver le sinus de l'angle aigu x qui vérifie l'équation :

$$\cos 2x = \left(\frac{1+\sqrt{3}}{2}\right)(\cos x - \sin x). \quad \text{(B)}$$

65. — a étant un nombre positif, trouver $\sin x$ et $\cos x$ sachant que

$$\cos 2x = a(\cos x - \sin x). \quad \text{(B)}$$

66. — Résoudre l'équation

$$\sin x - \cos x = \frac{1}{\sqrt{2}}. \quad \text{(B)}$$

67. — Résoudre l'équation

$$\sin 2x = \sin(45^\circ - x).$$

68. — Résoudre l'équation

$$\sin x + \cos x = \text{séc}\, x.$$

69. — Résoudre l'équation

$$\sin x + \sin 2x + \sin 3x = 1 + \cos x + \cos 2x.$$

70. — Résoudre l'équation

$$\sin x = 2\cos x.$$

71. — Résoudre l'équation

$$\sin 3x = \sin^3 x.$$

72. — Résoudre l'équation

$$\sin x = \sin 3x.$$

73. — Résoudre l'équation

$$\cos x = \operatorname{tg} x.$$

74. — Résoudre l'équation

$$\operatorname{tg} x \operatorname{tg} 3x = 1.$$

75. — Résoudre l'équation

$$\frac{\cos x}{\cos(\alpha - x)} = m.$$

76. — Résoudre l'équation

$$\frac{\operatorname{tg}(45+x)}{\operatorname{tg} x} = m.$$

77. — Résoudre l'équation

$$\frac{\operatorname{tg} 2x}{\operatorname{tg}(45+x)} = m.$$

78. — Résoudre l'équation

$$\operatorname{tg} x \operatorname{tg}(45+x) = m.$$

79. — Résoudre l'équation

$$\operatorname{tg} x = 10 \cos x.$$

80. — Résoudre l'équation

$$\operatorname{tg}(x+\alpha) = 3 \operatorname{tg} x.$$

81. — Résoudre l'équation

$$\operatorname{cotg}^2 x + \cos^2 x = m.$$

82. — Résoudre l'équation

$$\sin^2 x + \operatorname{cotg}^2 x = m.$$

83. — Résoudre l'équation

$$2 \operatorname{tg} x = 4 \operatorname{cotg} x + 1.$$

84. — Résoudre l'équation

$$\operatorname{tg} x = a \cos x.$$

85. — Résoudre l'équation

$$\sin^4 x - 4 \sin^2 x + a^2 = 0.$$

86. — Résoudre l'équation

$$\frac{\sin x}{\sin(b+x)} = \frac{\sin a}{2 \sin c}$$

en supposant

$$a + b + c = 180^\circ.$$

87. — Résoudre l'équation

$$\operatorname{tg}(x+45) + \operatorname{tg}(x-45) = 4.$$

88. — Résoudre l'équation

$$\frac{\sin x}{\sin(30-x)} = 4.$$

89. — Résoudre l'équation

$$\sin^2 x + \cos x = m.$$

90. — Résoudre l'équation

$$\sin x \sin (60 - x) = m.$$

91. — Résoudre l'équation

$$\sin x + \cos x = \sin 2x,$$

92. — Résoudre l'équation

$$\operatorname{tg}^2 x + \sin^2 x = m.$$

93. — Résoudre l'équation

$$\text{séc}\, x = 2 (\sin x + \cos x)$$

94. — Résoudre l'équation

$$3 \operatorname{tg} x = \operatorname{tg} (x + \alpha).$$

95. — Résoudre l'équation

$$\operatorname{tg} x = \frac{2 \sin a + \sin 2a}{2 \sin a - \sin 2a}.$$

96. — Résoudre l'équation

$$\cos x + \cos 3x + \cos 5x = 0.$$

97. — A quelle condition doivent satisfaire les nombres a et b pour qu'il existe des valeurs de x vérifiant l'équation

$$a \sin x + b \cos x = 1. \quad \text{(B)}$$

98. — Partager l'arc de 30° en deux parties telles que le sinus de la première soit le triple du sinus de la seconde. (B)

99. — Partager l'arc de 45° en deux parties dont les tangentes soient dans le rapport de 2 à 3. (B)

100. — Déterminer la valeur de l'arc x pour laquelle la somme

$$\sin x + \cos x$$

est maximum ou minimum. (B)

101. — En supposant $x + y = a$, trouver le maximum de la somme

$$\sin x + \sin y.$$

102. — Trouver le maximum de l'expression

$$\sin x + 2 \cos x.$$

103. — Trouver le maximum de l'expression

$$\sin x \cos^3 x.$$

104. — Trouver le maximum et le minimum de l'expression

$$\operatorname{tg} x + \operatorname{cotg} x.$$

105. — Pour quelle valeur de l'arc x comprise entre 0° et 90° l'expression

$$\operatorname{tg} x + 3 \operatorname{cotg} x$$

est-elle minimum ? (B)

106. — Calculer le sinus de l'angle formé par deux des diagonales d'un cube. (B)

107. — Calculer le sinus de l'angle formé par une arête d'un tétraèdre régulier avec l'une des faces à laquelle elle n'appartient pas. (B)

107. — Calculer la longueur de la corde qui soustend un arc de 12° dans un cercle ayant pour rayon 386^{m},29. (B)

108. — Dans un cercle de 196^{m},273 de rayon la corde qui soustend un certain arc vaut 238^{m},355 : quelle est la graduation de cet arc ? (B)

109. — Quelle est la graduation d'un arc dont la corde est les deux tiers du diamètre du cercle auquel il appartient. (B)

110. — Résoudre un triangle rectangle connaissant l'hypoténuse $a = 32^{m},526$ et le rapport des deux côtés de l'angle droit $\frac{b}{c} = 2,317$. (B)

111. — Calculer les angles d'un triangle rectangle dont l'hypoténuse $a = 55^{m}$ et dont la surface vaut 726^{mq}. (B)

112. — Calculer les angles d'un triangle rectangle sachant que les segments déterminés sur l'hypoténuse par la perpendiculaire abaissée du sommet de l'angle droit valent respectivement 3^{m}643 et 4^{m},928. (B)

113. — Calculer les angles d'un triangle rectangle sachant que la bissectrice de l'angle droit détermine sur l'hypoténuse des segments respectivement égaux à 4^{m},319 et 5^{m},238. (B)

114. — Résoudre un triangle rectangle connaissant un côté b de l'angle droit et la différence $a - c$ de l'hypoténuse et de l'autre côté de l'angle droit.

115. — Résoudre un triangle rectangle connaissant un côté b de l'angle droit et le rapport $\frac{a}{c}$ de l'hypoténuse à l'autre côté de l'angle droit.

116. — Résoudre un triangle rectangle connaissant le rayon du cercle circonscrit et l'excès de la somme des deux côtés de l'angle droit sur l'hypoténuse.

117. — On donne dans un triangle rectangle le périmètre et la hauteur abaissée du sommet de l'angle droit sur l'hypoténuse : calculer les angles aigus.

118. — Résoudre un triangle rectangle connaissant le périmètre $2p$ et un angle aigu B.

119. — Résoudre un triangle rectangle connaissant le périmètre $2p$ et le rapport $\frac{b}{c}$ des deux côtés de l'angle droit.

120. — Résoudre un triangle rectangle connaissant la surface et le rapport $\frac{b}{c}$ des deux côtés de l'angle droit.

121. — On donne dans un triangle : $B = 68°26'17''$, $C = 75°8'23''$ et la hauteur menée du sommet de l'angle A, $h = 148^m,19$: calculer les trois côtés du triangle. (B)

122. — Calculer à $0'',1$ près les angles d'un losange dont le périmètre $= 842^m,693$, et l'une des diagonales $= 92^m,355$. (B)

123. — Calculer à $1''$ près les angles d'un losange dont le périmètre $= 864^m,693$ et la surface $= 32548^{mq}$ (B)

124. — Calculer à un décimètre carré près la surface d'un losange circonscrit à un cercle de 68^m de rayon, sachant que l'un des angles de ce losange vaut $43°24'37''$. (B)

125. — Un parallélogramme dans lequel un angle est égal à φ est circonscrit à un cercle de rayon R : déterminer la valeur de l'angle φ pour laquelle la surface du parallélogramme est minimum. (B)

126. — Sachant que les deux tangentes menées d'un point à un cercle comprennent entre elles un angle de une minute, trouver combien de fois la distance de ce point au centre du cercle est plus grande que le rayon. (B)

127. — Connaissant l'hypoténuse d'un triangle rectangle et l'un des angles aigus B, calculer le rayon du cercle inscrit dans ce triangle.

128. — Calculer les angles et la surface d'un triangle ayant pour côtés 6^m, 8^m et 10^m. (B)

129. — Dans un triangle on a : $a = 415^m$, $b = 332^m$, $c = 249^m$; calculer le rayon du cercle circonscrit à ce triangle. (B)

130. — La base d'un triangle isocèle $= 1235^m$; les deux angles égaux valent chacun $64°\ 22'$: calculer le rayon du cercle inscrit dans le triangle. (B)

131. — Résoudre un triangle connaissant un côté a, l'angle opposé A et le rapport $\frac{b}{c}$ des deux autres côtés.

132. — Résoudre un triangle connaissant deux côtés b, c et la bissectrice de l'angle compris A.

133. — Résoudre un triangle connaissant une hauteur et les angles qu'elle fait avec les côtés entre lesquels elle est comprise.

134. — Résoudre un triangle connaissant une hauteur et les segments qu'elle détermine sur la base.

135. — Résoudre un triangle connaissant un côté a, l'angle opposé A et le rayon du cercle inscrit.

136. — Résoudre un triangle connaissant une médiane et les angles qu'elle fait avec les côtés.

137. — Résoudre un triangle connaissant deux côtés b, c et sachant que l'angle C est le double de l'angle B.

138. — Même question en supposant l'angle $C = 3 B$.

139. — Résoudre un triangle connaissant un côté a, l'angle opposé A et la hauteur correspondante h.

140. — Résoudre un triangle connaissant un côté a, l'angle opposé A et la surface.

141. — Résoudre un triangle connaissant un côté a et sachant que les côtés et la hauteur correspondant au côté a sont en progression géométrique : $\div\!\div\, a : b : c : h$.

142. — Résoudre un triangle connaissant un angle C, la somme $a + b$ et le produit ab des deux côtés qui le comprennent.

143. — Résoudre un triangle connaissant les angles et le rayon du cercle inscrit.

144. — Évaluer la surface d'un trapèze en fonction des quatre côtés.

145. — Résoudre un triangle connaissant

$$A = 41^\circ\, 55'\, 14'',72 \,.\, \log b = 4,6323560 \,.\, \log c = 1,6917002. \quad (B)$$

146. — On a dans un triangle

$$A = 24^\circ\, 23'\, 44'' ; \qquad c = 268^m,84 ; \qquad a = 198^m,37 :$$

calculer l'angle B. (B).

147. — On a dans un triangle :

$$a = 120^m . \quad b = 135^m \quad c = 113^m .$$

Calculer la hauteur correspondante au côté a. (B)

148. — On a dans un triangle :

$$c = 23^m,215 \quad b = 19^m,419 \quad A = 46^\circ\, 29'\, 37''.$$

Calculer la longueur de la bissectrice de l'angle A. (B)

149. — On a dans un triangle

$$a = 1520^{m} \quad b = 1600^{m} \quad c = 1750^{m}$$

Calculer la longueur de la bissectrice de l'angle A. (B)

150. — Calculer les côtés d'un triangle dans lequel on a :

$A = 178^{\circ}\, 30'\, 29''$; $B = 1^{\circ}\, 0'\, 4''$; $C = 0^{\circ} 29' 27''$. Surf$=10^{mq}$. (B)

151. — On a dans un triangle :

$$b = 92^{m},35 \quad c = 103^{m},57 \quad \text{Surf} = 342865 \text{ d. cq.}$$

Calculer l'angle A. (B)

152. — On a dans un triangle :

$$b = 117^{m},285 \quad a = 89,214 \quad C = 69^{\circ}\, 10'\, 20''$$

et l'on demande de déterminer sur le côté b un point tel que la perpendiculaire abaissée de ce point sur le côté c partage la surface du triangle en deux parties équivalentes. (B)

153. — On a dans un triangle :

$$c = 293^{m},917 \quad b = 201^{m},315 \quad A = 23^{\circ}\, 27'\, 32$$

calculer la longueur d'une perpendiculaire abaissée d'un point du côté b sur le côté c, sachant que cette perpendicnlaire partage la surface du triangle en deux parties équivalentes. (B)

154. — Deux cercles sécants ont pour rayons $3^{m},75$ et $2^{m},15$; la distance de leurs centres $= 4^{m},95$: calculer l'aire de la partie commune aux deux cercles. (B)

155. — Dans un cercle on a un triangle formé par une corde et deux rayons : trouver à $0'',1$ près la valeur que doit avoir l'angle au centre pour que la surface du triangle soit le douzième de celle du cercle. (B)

156. — On a dans un cercle un triangle formé par une corde et deux rayons : quelle est la valeur de l'angle au centre pour laquelle la surface du triangle est maximum ? Déterminer le rapport de cette surface maximum à celle du cercle. (B)

157. — Dans un cercle de 3^{m} de rayon on mène une corde qui sous tend un arc de $141^{\circ}\, 27'\, 38''$: calculer la surface du segment qu'elle détermine. (B)

158. — Calculer à 1 centimètre carré près la portion de la surface d'un cercle de 1^{m} de rayon comprise entre un diamètre et une corde parallèle à ce diamètre et distante de lui de $0^{m},7$. (B)

159. — Une corde située dans un cercle de $2543^{m},365$ de rayon a pour longueur $3609^{m},019$: calculer à $0'',1$ près l'angle formé par les tangentes menées aux extrémités de l'arc soustendu. (B)

160. — Calculer la longueur d'une diagonale d'un pentagone régulier ayant pour côté 1^m. (B)

161. — Dans un cercle dont le diamètre égale 2, on prend sur un rayon prolongé à partir du centre une longueur égale à $\sqrt{\frac{3}{2}}$: sous quel angle faut-il mener une sécante au cercle par le point ainsi obtenu pour que la corde interceptée soit égale à 1 ? (B)

162. — Dans un cercle dont le diamètre est égal à 2, on prend à partir du centre sur un rayon sur une longueur égale à $\frac{\sqrt{3}}{2}$, puis par l'extrémité on mène une corde : sous quel angle doit être menée cette corde pour qu'elle soit égale au rayon du cercle ? (B)

163. — Un cercle a pour rayon 2^m; on prolonge un rayon d'une longueur égale à 3^m et l'on demande sous quel angle il faut mener une sécante au cercle par l'extrémité du prolongement pour que la corde interceptée soit égale à 3^m. (B)

164. — Dans un cercle de 5^m de diamètre, on inscrit un rectangle dont l'un des côtes $= 4^m$; par les sommets de ce rectangle on mène des tangentes qui forment un quadrilatère : calculer la surface et les angles de ce quadrilatère. (B)

165. — Calculer le rapport de la surface d'un triangle isocèle dont l'angle au sommet vaut $54^o . 28' . 17''$, à celle du cercle circonscrit. (B)

166. — Dans un quadrilatère ABCD, on donne :

$$AD = 223^m,215. \quad CD = 143^m,319. \quad BC = 72^m,417$$
$$D = 120^o\ 10'\ 55''. \quad C = 135^o\ 14'\ 17''.$$

Calculer le côté AB. (B)

167. — Dans un quadrilatère ABCD, on donne :

$$B = 90^o \quad AB = BC = 21^m,915 \quad DC = 28^m,713 \quad C = 53^o\ 29'\ 18''.$$

Calculer le côté AD. (B).

168. — Trois points A, B, C étant donnés sur une carte, déterminer la position d'un quatrième point P d'où l'on a vu les distances AB, BC sous les angles :

$$APB = 57^o\ 30'\ 28''. \qquad CPB = 61^o\ 29'\ 17''$$

on donne :

$$AB = 235^m,115 ; \quad BC = 198^m,923. \quad ABC = 118^o\ 15'\ 28''. \ (B)$$

169. — Dans le même plan qu'une droite $AB = 3784^m$ on a deux

points P et Q : on demande de calculer la distance PQ sachant que :

PAB = 87° 25′, PBA = 46° 34′, QAB = 47° 32′, QBA = 84° 35′. (B)

170. — Pour calculer la distance de deux points P et Q, on a mesuré une base AB située dans le même plan que PQ ainsi que les angles α, β, γ, δ formés par cette base avec les rayons visuels menés des points A et B aux points P et Q. Connaissant ces angles ainsi que la distance PQ, calculer la base AB. (B)

171. — Deux points A et B dont la distance connue est égale à d sont situés sur un même plan horizontal P ; un troisième point C est en dehors de ce plan : ayant mesuré les angles BAC = α, ABC = β ainsi que l'angle γ de la droite AC avec le plan P, on demande de calculer la distance du point C au plan P. (B)

172. — Un mât vertical est fixé au sommet d'une tour AB. Les rayons visuels dirigés aux deux extrémités du mât d'un point O du point horizontal qui passe par le pied de la tour font avec l'horizon des angles de 30° et de 60°. Déterminer le rapport de la longueur BC du mât à la hauteur AB de la tour. (B)

173. — Les côtés d'un triangle ont respectivement pour mesure les nombres

$$x^2 + x + 1 \qquad 2x + 1 \qquad x^2 - 1$$

la lettre x désignant un nombre quelconque plus grand que un : vérifier que l'angle opposé au côté représenté par x^2+x+1 vaut 120°. (B)

174. — Une colonne de hauteur b est surmontée d'un mât de longueur c. A quelle distance du pied de la colonne et dans le plan horizontal qui passe par ce pied doit être placé un observateur pour que le mât soit vu sous l'angle le plus grand possible.

175. — Déterminer la graduation d'un arc de cercle sachant que la zone qu'il engendre en tournant autour d'un diamètre qui le divise en deux parties égales est égale à la moitié de l'aire du cercle auquel appartient l'arc. (B)

176. — A un cercle de 5^m de rayon on mène d'un point extérieur deux tangentes formant entre elles un angle de 38° 42′ 35″ : on demande de calculer à un décimètre carré près l'aire de la figure formée par les deux tangentes et la portion de circonférence (la plus petite) comprise entre les points de contact. (B)

177. — Deux circonférences de rayons R, R′ sont tangentes extérieurement; on mène les tangentes communes extérieures à ces circonférences. Calculer le sinus de l'angle de ces deux tangentes. (B)

178. — Étant donné un angle BAC et un point D situé sur le côté AC de cet angle, on demande : 1° la formule qui exprime la longueur d'une

ligne DE aboutissant au côté AB et faisant avec AC un certain angle α; 2° la valeur de l'angle α pour laquelle la ligne DE est minimum; 3° la valeur minimum de DE pour

$$BAC = 53^\circ 28' 15''. \qquad AD = 25^m,15. \quad (B)$$

179. — Calculer le volume engendré par la révolution d'un secteur circulaire AOB tournant autour du rayon OA, en supposant le rayon égal à 3^m et l'angle au centre AOB $= 23^\circ 37'$. (B)

180. — Calculer la valeur de l'angle au centre d'un secteur circulaire AOB, sachant que le volume engendré par ce secteur tournant autour de son côté AO est égal au tiers du volume de la sphère ayant AO pour rayon. (B)

181. — La terre étant supposée sphérique, calculer avec sept chiffres décimaux le rapport de la surface de la zone torride à la surface entière de la terre. On admettra que les deux tropiques sont situés l'un et l'autre à 23° 27′ 32″ de l'équateur. (B)

182. — Trouver le rapport de la surface d'une zone témpérée à la surface totale de la terre supposée sphérique en supposant que les parallèles qui limitent la zone sont situées l'un à 23° 27′ 32″ du pôle, l'autre à 23° 27′ 32″ de l'équateur. (B)

183. — La terre étant supposée sphérique, calculer à un myriamètre carré près la surface d'une des deux zones glaciales en supposant que le cercle polaire qui la limite est situé à 23° 27′ 32″ du pôle. On prendra la circonférence de la terre égale à 4000 myriamètres. (B)

184. — Un triangle équilatéral de côté a tourne autour d'un axe situé dans son plan et passant par l'un de ses sommets. Cet axe qui laisse le triangle tout entier d'un même côté fait avec le côté qui lui est adjacent un angle α donné : calculer le volume engendré. Application $a = 7^m,35$. $\alpha = 18^\circ$. (B)

185. — Calculer le volume engendré par un triangle tournant autour d'un de ses côtés c, sachant que :

$$A = 23^\circ 27' 30'' \qquad c = 23^m,215 \qquad b = 21^m,107. \quad (B)$$

186. — Etant donné un triangle ABC on mène par le sommet A un axe xy perpendiculaire au côté AB et situé dans le plan du triangle : calculer le volume engendré par le triangle tournant autour de cet axe, sachant que :

$$A = 30^\circ 25' 12''. \qquad AB = 2^m,314. \qquad AC = 3^m,087. \quad (B)$$

187. — Étant donné un triangle isocèle ABC, on mène par son sommet A un axe XY situé dans son plan et qui laisse le triangle tout

entier d'un même côté : calculer le volume engendré par ce triangle tournant autour de l'axe XY sachant que :

$$BAC = 31^\circ 25' 38''. \quad BA = AC = 285^m,938$$

et que l'axe fait avec le côté AC le plus rapproché de lui un angle $CAY = 31^\circ 19' 16''$.

188. — Par l'un des sommets A d'un carré ABCD on mène dans le plan de la figure un axe qui la laisse tout entière d'un même côté et qui fait avec le côté adjacent AB un angle α donné : évaluer le volume engendré par le carré tournant autour de l'axe.

189. — Un pentagone est formé par un carré et un triangle équilatéral ayant un côté commun ; on prolonge l'un des côtés non communs du triangle équilatéral et l'on imagine que la figure tourne autour de ce côté prolongé considéré comme axe : évaluer le volume engendré connaissant le côté a du carré. Application : $a = 13^m,217$. (B)

190. — Dans un triangle rectangle ABC on donne :

$$B = 19^\circ 28' 16'',38 \qquad c = 287^m,7404$$

et l'on demande de calculer :

1° La surface totale du cône engendré par le triangle tournant autour du côté AB ;

2° Le rapport du volume de ce cône au volume de la sphère inscrite.

191. — Une sphère étant placée dans un cône creux renversé dont l'angle au sommet vaut 2α, calculer le rapport du volume compris entre la surface inférieure de la sphère et le sommet du cône, au volume de la sphère entière. On appliquera la formule trouvée au cas de $\alpha = 60^\circ$. (B)

192. — On donne dans un triangle ABC :

$$A = 39^\circ 27' 28'',3. \qquad B = 58^\circ 12' 37,29$$

On sait de plus qu'en tournant autour d'un axe XY mené par le point A parallèlement au côté opposé BC, le triangle engendre un volume dont la valeur est de 729 mètres cubes. Ceci posé, on demande d'évaluer les côtés et la surface du triangle.

193. — Un rectangle ayant pour côtés a, b tourne autour d'un axe situé dans son plan et qui passe par un de ses sommets : calculer le volume engendré sachant que l'axe laisse la figure entièrement d'un même côté et qu'il forme avec le côté adjacent a un angle donné α.

Application. $a = 2000^m,068$. $b = 35^m$. $\alpha = 21^\circ 22' 23'',24$.

194. — Evaluer le volume engendré par un triangle tournant autour d'un de ses côtés connaissant ce côté et les angles adjacents.

195. — Évaluer le volume d'un segment sphérique à une base en

fonction du rayon de la sphère à laquelle il appartient et de l'arc α générateur de sa surface convexe.

196. — Évaluer le volume d'un cône en fonction de l'angle au sommet et du rayon de la sphère inscrite.

197. — Dans un trapèze ABCD. on donne :

$AB = 32^m,375$. $CD = 17^m,225$. $A = 42^\circ\,30'\,27''$. $B = 61^\circ\,29'\,13''$.

Calculer le volume engendré par le trapèze tournant autour de la base AB. (B)

198. — Calculer la valeur que doit avoir le rayon d'un cercle pour que la différence entre un arc de ce cercle valant 80^m et sa corde soit moindre que un millimètre. (B)

199. — Déterminer la surface d'un quadrilatère en fonction des diagonales et de l'angle qu'elles font entre elles.

200. — Démontrer que dans un parallélipipède rectangle, on a :

$$\cos^2 \alpha + \cos^2 \beta + \cos^2 \gamma = 1$$

α, β et γ représentent les angles formés par une diagonale avec les trois arêtes issues d'une de ses extrémités.

201. — Étant donnée une demi-circonférence (fig 40), mener par l'une des extrémités du diamètre AB une corde AC telle que si l'on fait tourner la figure autour de AB, la surface engendrée par la corde AC soit à la surface engendrée par l'arc CMB dans un rapport donné. Discuter.

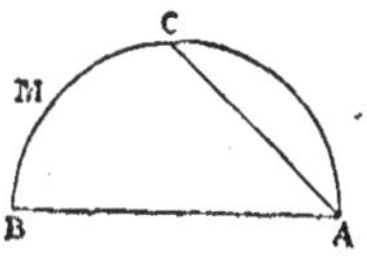

C
M
B
A

Fig. 40.

202. — Dans un triangle rectangle ABC, on abaisse du sommet A une perpendiculaire AD sur l'hypoténuse, puis du pied de AD une perpendiculaire DE sur le côté AC, puis du pied de DE une perpendiculaire EF sur l'hypoténuse et ainsi de suite indéfiniment. Ceci posé, on demande de calculer la limite de la somme de toutes ces perpendiculaires. On appliquera la formule trouvée au cas de :

$$a = 10^m, \quad B = 36^\circ\,52'\,11'',64.$$

203. — Étant donnée l'équation

$$89524,67 \cos x + 24508,75 \sin x = 89785.$$

On propose : 1° d'établir une formule logarithmique qui fasse connaître toutes les valeurs de l'arc x ; 2° de calculer ces valeurs à moins de $0'',1$ en écartant celles qui ne sont pas comprises dans le premier quadrant. (S. C.) (*)

(*) Les questions marquées (S. C.) ont été données en composition aux examens pour l'admission à l'école militaire de Saint-Cyr.

204. — Etant donné le demi-cercle BAB' et la corde AB, on demande :

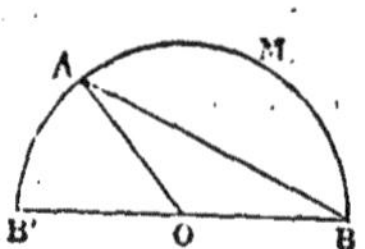

Fig. 41.

1° La surface du segment AMB en supposant l'angle AOB = 108° 36' 13",7 et le rayon OA = 2478m,576 ;

2° La valeur que doit avoir l'angle en O pour que le volume engendré par le segment AMB tournant autour de BB' soit la moitié du volume de la sphère engendrée par le demi-cercle. (S. C.)

205. — Les rayons de deux circonférences sont l'un de 3m, l'autre de 4m et la distance des centres est de 2m. On demande de calculer :

1° La surface du triangle qui a pour base la ligne des centres et pour sommet l'un des points d'intersection des circonférences ;

2° La longueur de la corde commune aux deux circonférences;

3° Les longueurs des arcs soustendus par cette corde (on prendra dans chaque circonférence le plus petit des deux arcs) ;

4° La valeur de la surface commune aux deux cercles.

On devra obtenir les valeurs de chaque longueur avec 6 décimales et les valeurs des angles à 0",01 près. (S. C.)

206. — Dans un triangle ABC, on a :

$$B = 51^\circ\ 14'\ 37'',8. \quad C = 28^\circ\ 55'\ 35'' \quad a = 4436^m,857$$

et l'on demande de calculer le côté AB et ensuite l'angle que fait ce côté avec la droite qui joint le sommet A au milieu du côté opposé BC.

On donnera un moyen de vérifier l'angle cherché en se fondant sur ce qu'il ne dépend que des angles du triangle ABC, et nullement du côté a. (S. C.)

207. — La hauteur SA du point S (fig. 42) au-dessus d'un plan horizontal BAC est de 427m,854 ; les deux droites SB, SC font avec la verticale SA des angles égaux dont la valeur commune est de 55° 18' 27", et ces mêmes droites font entre elles un angle BSC = 28° 44' 35". Ceci posé, on demande de calculer :

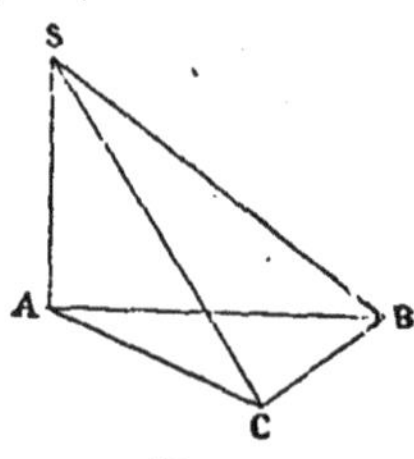

Fig. 42.

1° Les arêtes AB, SC et BC de la pyramide SABC ;

2° L'angle BAC ;

3° Le volume de la pyramide SABC. (S. C.)

208. — Etant donné le demi-cercle BCA dont le rayon vaut 6366m,739, on tire le rayon OC faisant avec OA un angle $\alpha = 23^\circ\ 27'\ 14'',3$. Au point C on mène la tangente au cercle qui coupe au point D le prolongement de OA, et l'on demande de calculer :

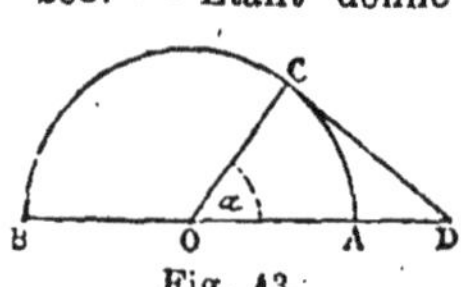

Fig. 43.

1° Le volume engendré par le triangle rectangle OCD tournant autour de OD ;

2° La valeur qu'il faudrait attribuer à l'angle α pour que le volume engendré par le triangle OCD fût double de celui engendré par le secteur circulaire OCA. (S. C.)

209. — Dans un triangle ABC, on donne :

$$BC = 8424^m,572. \quad B = 64^\circ\, 45'\, 28'',6. \quad C = 42^\circ\, 25'\, 17''$$

et l'on demande de calculer :

1° La distance OB du centre O du cercle inscrit au sommet B ;

2° Le rayon du cercle inscrit;

3° Le rayon du cercle inscrit dans la partie du triangle comprise entre le sommet A et l'arc convexe vers le point A appartenant à la circonférence inscrite dans le triangle. (S. C.)

210. — Dans un cercle de $34842^m,25$ de rayon, on mène le diamètre AB et la tangente BD (fig. 44). Au point A, on mène la droite AD faisant avec AB un angle $\alpha = 34^\circ\, 28'\, 47''$, et l'on demande de calculer :

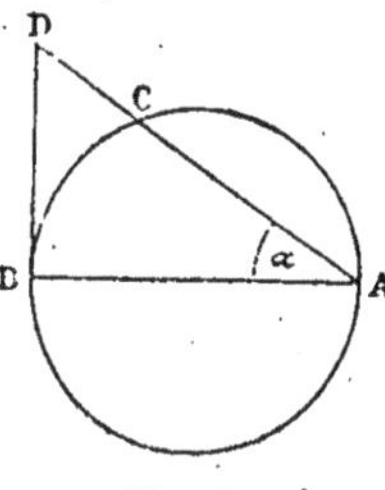

Fig. 44.

1° Le segment DC de la droite AD ;

2° Le segment AC de la même droite ;

3° La valeur que doit avoir l'angle α pour que le segment DC soit égal au diamètre AB. (S.C.)

211. — On donne un demi-cercle terminé par un diamètre AB, et un point P sur ce diamètre; on demande de mener par le point P une droite sous un angle tel qu'en faisant tourner autour du diamètre les deux parties en lesquelles elle divise le demi-cercle, les volumes engendrés par chacune de ces parties soient équivalents. (S. C.)

212. — Dans un secteur circulaire, la corde qui joint les deux extrémités de l'arc vaut $3495^m,66$; la perpendiculaire abaissée du milieu de l'arc sur la corde vaut $\frac{1}{30}$ de la corde, et l'on demande de calculer le rayon, l'angle au centre et la surface du secteur. (S. C.)

213. — On donne un secteur circulaire dont l'angle au centre vaut 120°, et l'on demande d'inscrire dans ce secteur en plaçant deux sommets sur l'arc, un rectangle dont la surface soit la plus grande possible. On donnera la valeur des côtés de ce rectangle en fonction du rayon.

Généraliser la question en laissant quelconque l'angle au centre du secteur donné. (S. C.)

214. — On donne sur un même plan deux parallèles, un point P

extérieur à ces droites et l'on demande de placer la plus courte distance de ces parallèles de manière qu'elle soit vue du point P sous l'angle maximum. (S. C.)

215. — Calculer les angles compris entre 0 et 180° satisfaisant à l'équation

$$5 \cos^2 x - 3 \cos x - 1 = 0. \quad \text{(S. C.)}$$

216. — Calculer la valeur de x donnée par l'équation

$$x^3 = a^3 \sin \varphi + b^3 \cos \varphi$$

lorsque $a = 18928^m,7$, $b = 20842^m,8$, $\varphi = 115^\circ 45' 27''$. (S. C.)

217. — Calculer tous les angles compris entre 0° et 180° satisfaisant à l'équation

$$\sin^4 x + \cos^4 x = \frac{2}{3}. \quad \text{(S. C.)}$$

218. — Une ligne droite MN est perpendiculaire au point M à un plan P. D'un point A de ce plan on voit MN sous un angle α ; par le point A on mène dans le plan P une droite AB faisant avec AM un angle ω et l'on prend sur cette droite une longueur $AB = a$; du point B on voit MN sous un angle β. Ceci posé, on demande de calculer la longueur de MN en fonction des données α, β, ω, a. — On indiquera le moyen de choisir entre les deux solutions que l'on trouve, (S. C.)

219. — Etant donné un angle $BAC = \alpha$ et un point O dans l'intérieur de cet angle placé de telle sorte que les parallèles menées de ce point aux côtés de l'angle jusqu'à la rencontre de ceux-ci soient respectivement égales à des longueurs données a et b, on demande de mener par le point O une droite MN terminée aux côtés de l'angle, de telle sorte que le triangle AMN ainsi formé ait une surface donnée K^2.

220. — Deux droites AB, AC font entre elles un angle $BAC = \alpha$: la droite AB fait avec la verticale du sommet A un angle $= \beta$, et la droite AC fait avec la même verticale un angle γ : ceci posé, on demande de réduire à l'horizon l'angle BAC.

Application : $\alpha = 59^\circ 18' 14'',6$; $\beta = 44^\circ 0' 0'',72$; $= \gamma\, 51^\circ 59' 59'',01$.

221. — Calculer le plus petit angle positif satisfaisant à l'équation

$$\sin x + \cos x = \frac{1}{2}. \quad \text{(S. C.)}$$

222. — On donne dans le triangle ABC, $BC = 3428^m,58$; $B = 108^\circ 15' 27''$; $C = 47^\circ 25' 47''$ et l'on demande de calculer la hauteur abaissée du sommet A sur le côté BC. (S. C.)

223. — Dans le triangle ABC, on donne

$$AC = 3422^m,83\,;\quad BC = 2444^m,54\,;\quad C = 78°\,45'\,27''$$

et l'on demande de calculer les angles A et B. (S. C.)

224. — Calculer les angles compris entre 0° et 180° satisfaisant à l'équation

$$\operatorname{tg} x \operatorname{tg}(45 + x) = 2. \quad \text{(S. C.)}$$

225. — Calculer les angles positifs compris entre 0° et 180° donnés par la formule

$$\sin x = \sin \varphi - \sqrt{3} \cos \varphi$$

en faisant $\varphi = 80°\,25'\,57''$. (S. C.).

226. — On donne deux parallèles et sur leur plan deux points P et P′ compris entre ces parallèles et à égale distance de chacune d'elles. Cela posé, on demande de mener par le point P′ une sécante telle que la partie comprise entre les parallèles soit vue du point P sous un angle de 45°. — Donner la condition de possibilité. (S. C.).

227. — Calculer les arcs x compris entre 0° et 90° qui vérifient l'équation

$$\operatorname{tg} x + \operatorname{cotg} x = 6. \quad \text{(S. C.)}$$

228. — Dans le triangle ABC dont l'angle A est droit, le côté AB vaut 34828m,43 ; l'angle B = 48° 35′ 27″ et l'on demande de calculer : 1° le côté AC ; 2° la quantité dont il faudrait augmenter l'angle B, le côté AB restant le même, pour que le côté AC s'accrût de 20 mètres. (S. C.).

229. — Deux droites AB et A′B′ sont perpendiculaires à un même plan M aux points donnés A et A′. On sait que la longueur de AB est double de celle de A′B′. Par le pied A de AB on tire dans le plan M une droite AC faisant avec AA′ un angle donné. Cela posé, on demande de trouver sur la droite AC un point d'où l'on verrait les longueurs AB et A′B′ sous des angles égaux. (S. C.)

230. — Dans le triangle ABC on donne A = 128° 47′ 35″ ; AB = 8344m,27 ; AC = 5862m,35 et l'on demande de calculer les angles B et C et la hauteur abaissée du sommet A sur le côté BC. (S. C.).

231. — Calculer la surfaee S donnée par la formule

$$S = 2\pi R^2 (\cos \varphi - \sin \varphi),$$

dans laquelle R = 79m,575 et $\varphi = 23°\,27'\,22''$. (S. C.).

232. — Calculer les angles compris entre 0° et 180° satisfaisant à l'équation

$$5 \sin^2 x + 3 \sin x - 3 = 0. \quad \text{(S. C.)}$$

233. — On donne l'angle O et le point A sur l'un des côtés et l'on demande de trouver sur l'autre côté un point M tel que la distance AM soit moyenne proportionnelle entre OA et OM. — Discussion sommaire. (S. C.)

234. — Calculer les angles x compris entre 0° et 180° donnés par la formule

$$\operatorname{tg} 2x = \frac{a \sin \beta - b \sin \alpha}{a \sin \beta + b \sin \alpha}$$

dans laquelle on fait $a = 4627^m{,}55$, $b = 3944^m{,}68$; $\alpha = 51° 57' 44''$; $\beta = 63° 18' 27''$. (S. C.)

235. — Dans un triangle ABC on donne les deux côtés AB et AC et l'on sait que la base BC est égale à la hauteur correspondante AD. On demande de calculer l'angle A. — Discussion. (S. C.).

236. — On donne les angles α et β formés par les traces d'un plan avec la ligne de terre: calculer l'angle du plan avec la ligne de terre. (B).

237. — Connaissant le côté de base d'une pyramide hexagonale régulière ainsi que l'arête latérale, calculer la valeur des angles dièdres du solide.

238. — Connaissant les angles d'un triangle ainsi que l'inclinaison du plan de ce triangle sur un plan passant par un des côtés BC, calculer la projection de l'angle A sur ce plan.

239. — Etant donnés les angles d'un triangle, calculer le rapport entre la surface de ce triangle et celle du cercle inscrit.

240. — Etant donné un triangle ABC et une sécante AM issue du sommet A, déterminer l'angle que doit faire cette sécante avec le côté AC pour que le produit des projections des côtés AB, AC sur cette sécante soit égal à une quantité donnée.

TABLE DES MATIÈRES

CHAPITRE PREMIER

THÉORIE DES LIGNES TRIGONOMÉTRIQUES.

CHAPITRE II

TABLES TRIGONOMÉTRIQUES.

CHAPITRE III

RÉSOLUTION DES TRIANGLES.

CHAPITRE IV

CHAPITRE V

FIN DE LA TABLE

ABBEVILLE. — TYP. ET STÉR. GUSTAVE RETAUX.